U0789466

黄果樹奇石

李龙题

主 编　陈正明　刘又谅

中国旅游出版社

编委会名单

名誉顾问	王廷恺
顾问	高　妙　汪大兴　朱贵清　刘冠邦
	唐人伟　邓梦祥　喻羡艺　罗永明
	周发明　陈显明　董旭阳　许　安
名誉主编	程　勇
主编	陈正明　刘又谅
编委主任	黎昌礼
编委副主任	高乐林　陈　玲　吴　为　何晓芸
	魏　甡　何荣鹰　周云虹
编委成员	王　刺　刘建州　王道祥　孙　林
	钱苓珊　叶本益　郑　涛　佘　宏
	田亚琴　刘林林　李钜孝　杨晓红
	张家华　肖　鸿　曹昌林　段卫国
	姚建中　李建国　欧阳正威
	王永初　王小伟
封面题字	李　铎
封底篆刻	赵　熊
摄影	陈　欢　李立洪　陈　刚
设计	周　科　胡丽娟
出品	北京远文阳光创意文化发展有限公司
	贵州黄果树旅游集团股份有限公司
制作	贵州立人广告有限公司
监制	贵州黄果树旅游集团股份有限公司

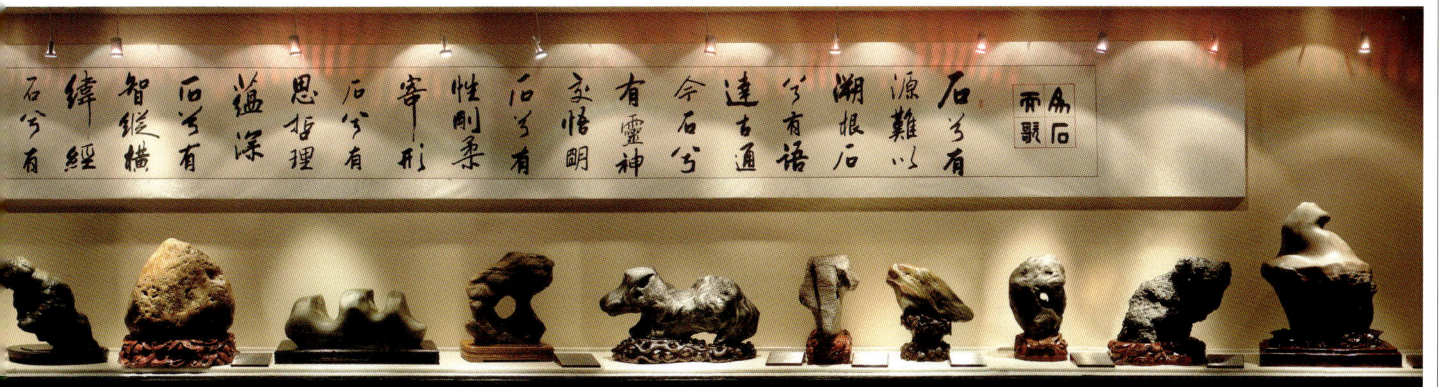

以石而歌
石兮有源，难以潮根。石兮有语，达古通今。石兮有灵神，文悟朗。石兮有性刚柔，审形。石兮有思哲理，蕴深。石兮有智纵横，纬经。石兮有

编委会名单

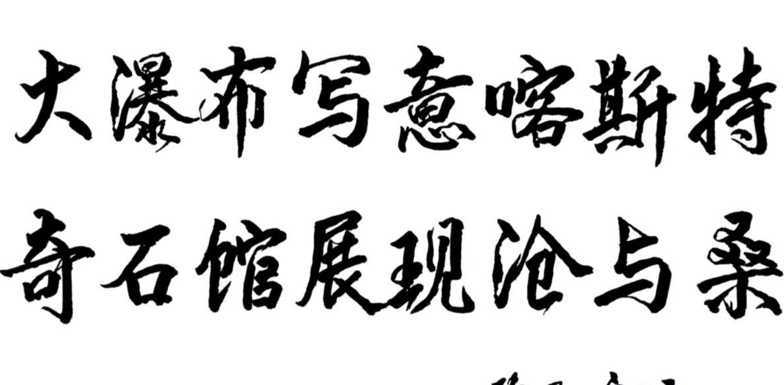

世界著名天体化学家和地球化学家

中国月球探测工程首席科学家　欧阳自远　题字

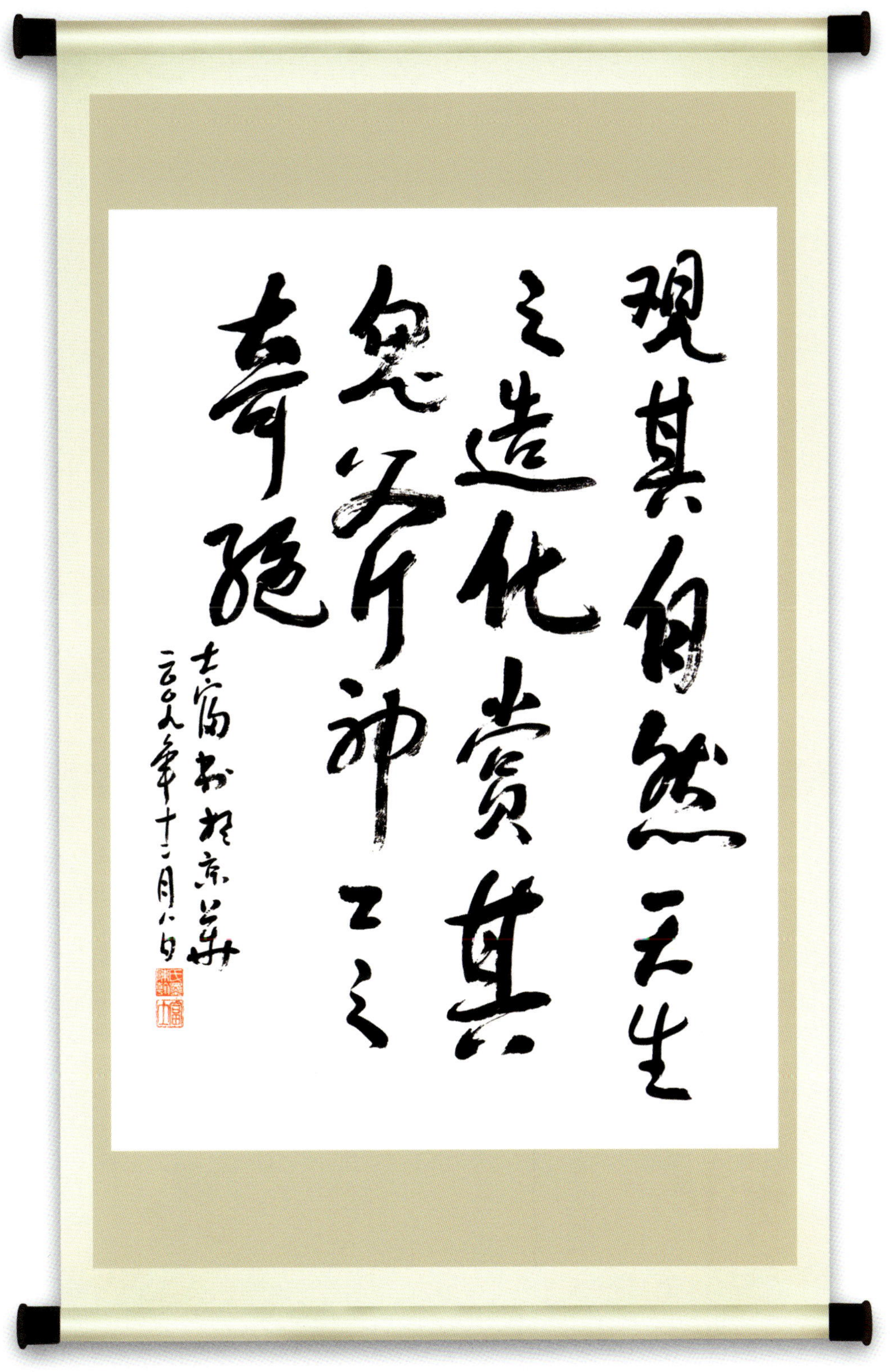

中国人民革命军事博物馆馆长、著名书画家　陈士富　题字

著名书法家　卢中南　题字

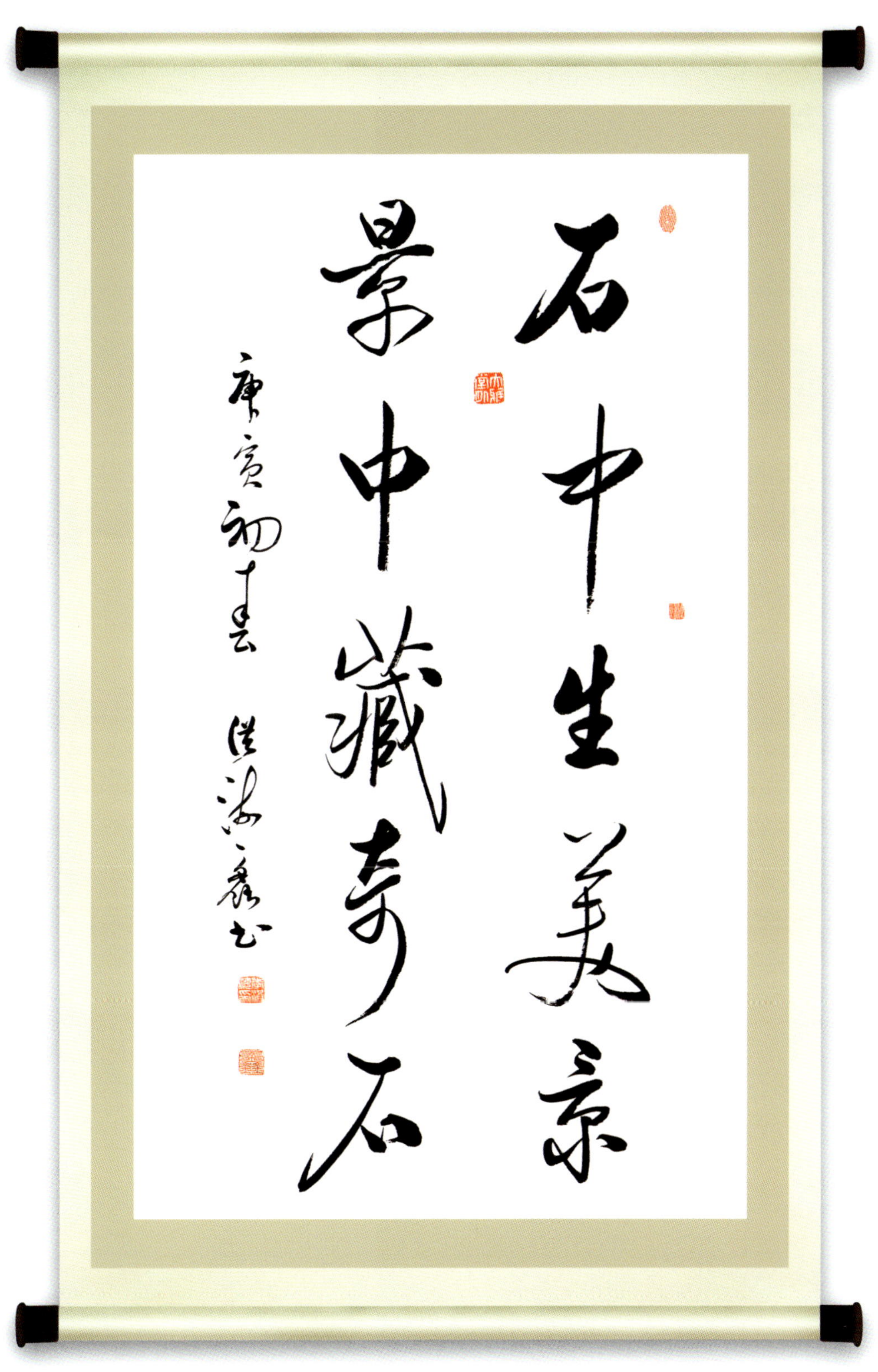

著名书画家　李洪海　题字

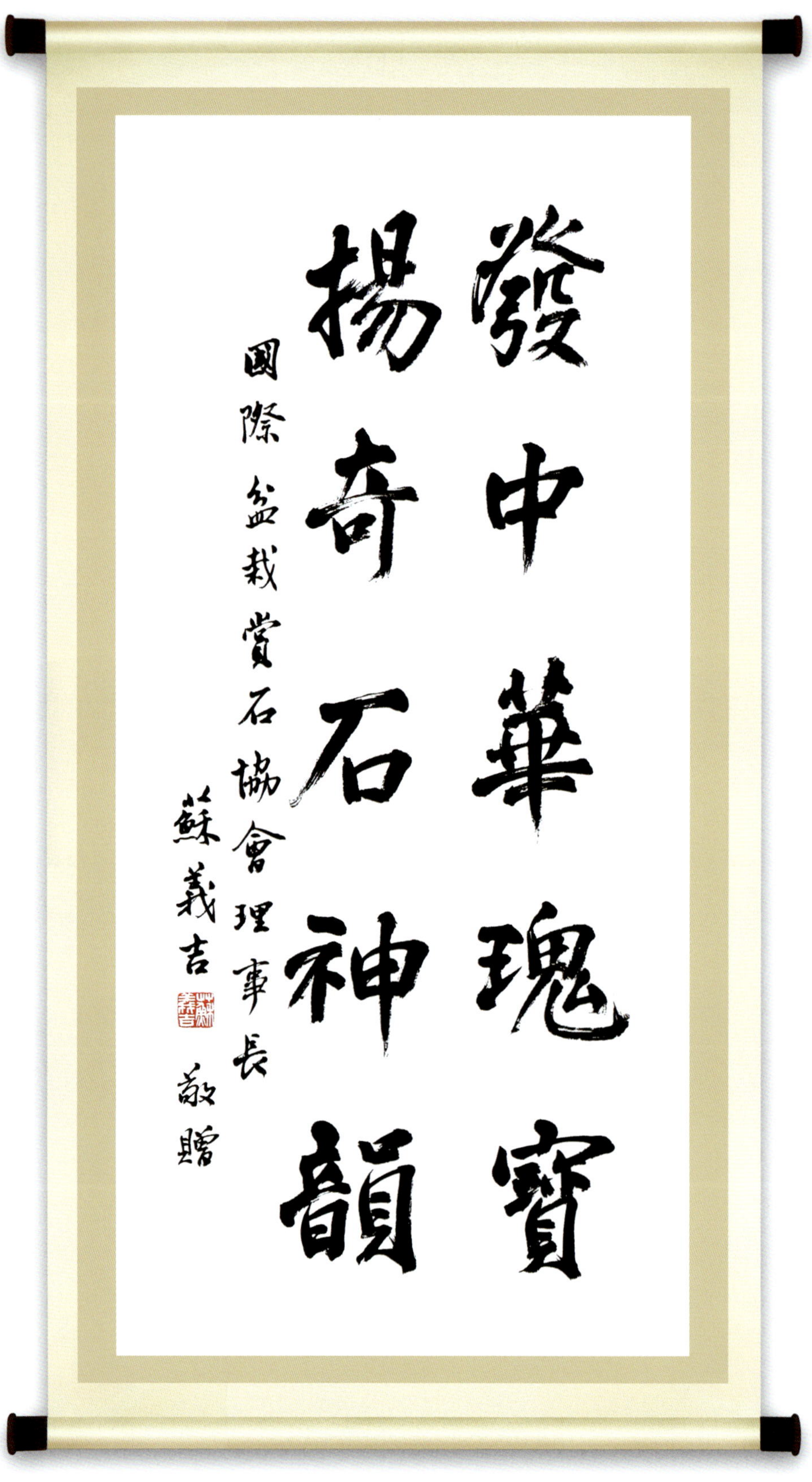

国际盆景赏石协会（BCI）理事长　苏义吉　题字

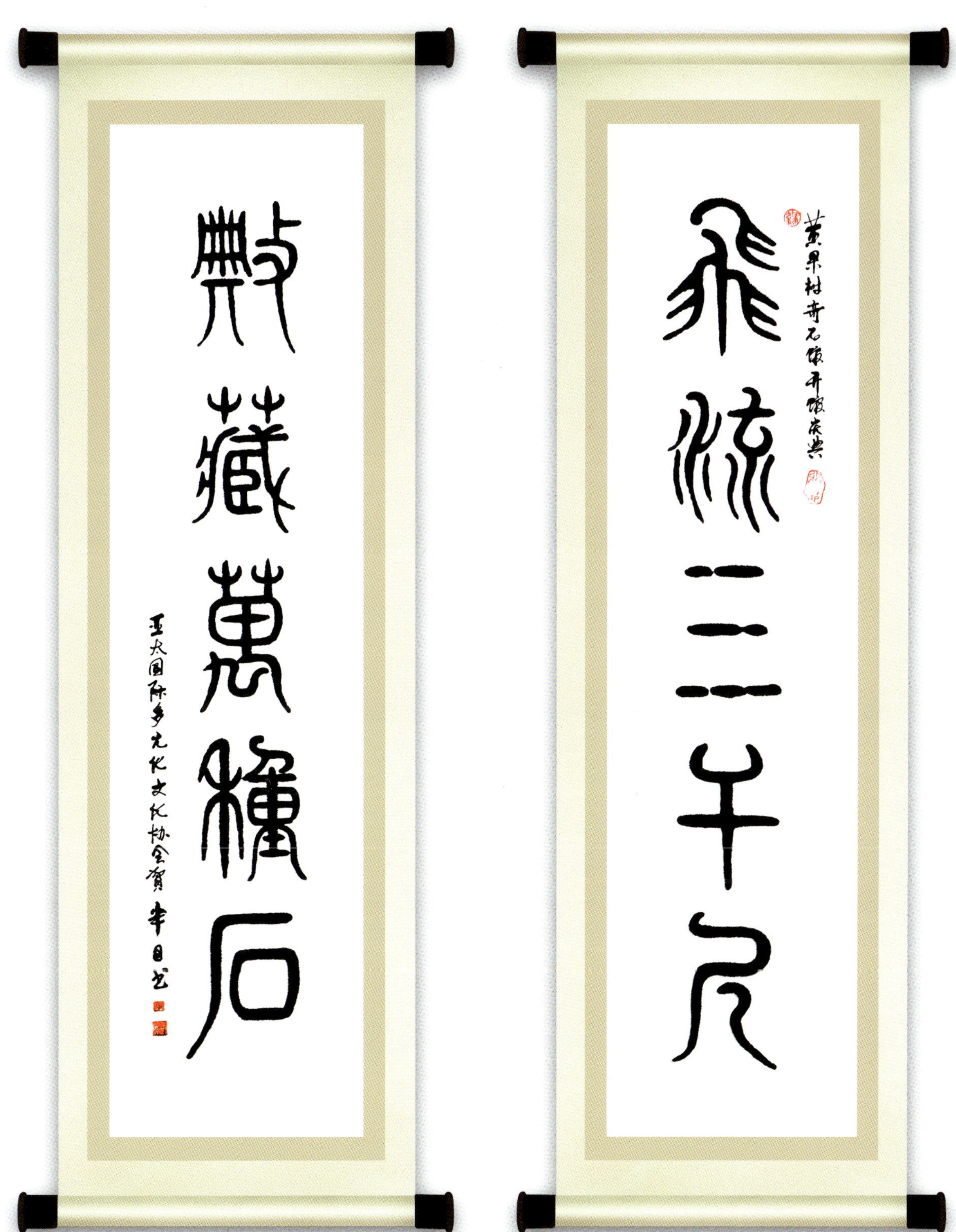

著名书法家　李伊阳　题字

目　录

他山之石

梦幻晶花

序

古往今来，以石作诗，以石作画，以石作文的千古文章不胜枚举，但令我最心仪、最难忘的寥寥无几，这里信手拈来几则故事，如此可见石文化对中国文化之影响深远。

当"猿"会摆弄"石头"之日起，这种地球上最聪明的灵长目动物就换了一个称谓——"人"。人类治石为器、以石为饰、鉴石为赏。从石器时代、青铜器石代、铁器时代到后来的三皇五帝又到唐宋元明清。时至今日，经过了一个漫长的发展进化过程。真可谓：历史悠久，源远流长。

最美丽动听的神话故事如"女娲炼石补天"。传说娲神人首蛇身，心地善良，为人类做过许多好事。然而当人类繁衍起来后，水神共工和火神祝融不和，他俩从天上一直打到地下，结果祝融战胜了共工。共工一怒之下，把头撞向不周山。一时山崩地裂，支撑天地的大柱折断了，天也塌下半边来，人类面临着空前的灾难。女娲不忍人类遭此奇祸，于是她选用五色之石架火熔炼，用石浆将残缺的天洞补好，随后斩大龟之足为柱，把倒塌的天支撑起来，使人类重新过上了安乐的生活。

最令人惋惜的历史故事是"和氏献璞"。战国时期，楚国人和氏得璞玉于楚山之中，始献予厉王。厉王使玉人相之曰石，王以和氏为诳而刖其左足。厉王薨武王即位，和氏继献予武王。武王使玉人相之仍曰石，王又以和为诳而刖其右足。武王薨文王即位，和氏抱其璞哭于楚山，三日三夜泣尽以血。文王闻之问其故，和曰："悲夫宝玉而题之以石。"是恨惜世人有眼无珠也！文王纳之遂命名"和氏璧"。

由此，又引出最惊心动魄的典故"完璧归赵"。相传几经辗转"和氏璧"被赵惠文王所得，秦昭王听说后，愿以十五座城池交换（"价值连城"典由此出）。赵王召蔺相如商量，蔺表示愿带璧去秦，如果赵国得到秦国的城邑，就将此璧留在秦国。反之，一定携璧而归。相如到秦后，将璧献上，秦昭王大喜，却全然不提换城之事。相如诳称玉上有小疵，要指给秦王看，诓回了璧。即曰"赵王担心秦王自恃强大，得璧而不献城，不料大王果无换城之意，若大王恃强，我宁可与璧同毁于柱"。秦昭王无奈，只得应允践约，斋戒五日受璧。相如使人携璧连夜返国，实现了"完璧归赵"。

最生动的赏石文章，可能要算唐代大诗人白居易的那篇《太湖石记》。文中写道："古之达人，皆有所嗜，元晏先生嗜书，嵇中散嗜琴，靖节先生嗜酒。今丞相奇章公嗜石。……富哉石乎！厥状非一。有盘拗秀出，如灵邱鲜云者；有端严挺立，如真官神人者；有缜润削成，如珪瓒者；有廉棱锐刿，如剑戟者；又有如虬如凤，若跧若动，将翔将踊，如鬼如兽，若行若骤，将攫将斗。风烈雨晦之夕，洞穴开豁，若云喷雷，嶷嶷然有可望而畏之者；烟霏景丽之旦，岩崿霭若拂岚扑黛，霭霭然有可狎而玩之者。昏晓之交，名状不可。撮要而言，则三山五岳，百洞千壑，覼缕簇缩，尽在其中；百仞一拳，千里一瞬，坐而得之。…… 噫！是石也，百千载后，散在天壤之内，转徙隐见，谁复知之？欲使将来与我同好者，睹斯石，览斯文，知公之嗜石之至。"白居易笔下之石虽不存于世，但读其石文，仍仿佛看到三山五岳，百洞千壑，直呈眼前。看来石头与诗、词、歌、赋有机地结合真是珠联璧合，因为能存世的唯有这千古文章。

相传被后人评价为"做个才子真绝代，可怜薄命做君王"的南唐后主李煜，有一名石"研山"。 此石是一块自然天成的山形石砚，亡国后此石流落至其表妹之手。其表妹后来嫁与宋人米芾，由此又引出中国赏石文化历史中一段脍炙人口的千古佳话。米芾字元章，号襄阳居士、海岳山人等。北宋书画名家，祖籍太原，后迁居襄阳，人称米襄阳。其人天资高迈、性格萧散，爱洁成癖、多蓄奇石，世号米颠子。书画自成一家，精于鉴别。与苏东坡、黄庭坚、蔡襄并称为宋代四大书法家。唐、宋时期正是中国文学的鼎盛时期，石人也多以诗、词、记、铭鉴评爱石，由此又留下千古绝唱《研山铭》。 铭曰："五色水，浮昆仑。潭在顶，出黑云。挂龙怪，烁电痕。下震霆，泽厚坤。极变化，阖道门。"简简单单30个字，把一座研山写得淋漓尽致，栩栩如生。

宋代也是赏石文化发展的鼎盛时期，以石为题材的文学作品颇多。宋哲宗元祐七年（1092年），被徙官扬州的苏东坡得到表弟程德孺赠送的两枚奇石，一为绿色，一为白色。东坡欣喜异常，遂取名"仇池"、"雪浪"，并借杜甫"万古仇池穴，潜通小有天"诗句，做《双石》诗一首，诗前作自序。"至扬州获双石，其一绿色，冈峦迤逦，有穴达于背。其一玉白，渍以盆水，置几案间。

忽忆在颍州日，梦人请住一官府，榜曰仇池。乃戏作小诗，为僚友一笑。"诗曰："梦时良是觉时非，汲水埋盆故自痴。但见玉峰横太白，便从鸟道绝峨眉。秋风与作烟云意，晓日令涵草木姿。一点空明是何处，老夫真欲往仇池。"从两块奇石联想到洞天福地的仇池山，对于正值仕途坎坷、颠沛流离的苏轼来说，是一种莫大的慰藉，诗人兴奋之情可想而知。二石之中东坡尤爱"雪浪"，并专做长诗赞之："太行西来万马屯，势与岱岳争雄尊。飞狐上党天下脊，半掩落日先黄昏。削成山东二百郡，气压岱北三家村。千峰右卷蠹牙帐，崩崖凿断开土门。揭来城下作飞石，一炮惊落天骄魂。承平百年烽燧冷，此物僵卧枯榆根。画师争摹雪浪势，天工不见雷斧痕。离堆四面绕江水，坐无蜀士谁与论。老翁儿戏作飞雨，把酒坐看珠跳盆。此身自幻孰非梦，故园山水聊心存。"最后仍觉意犹未尽，遂将自己的书斋命名为"雪浪斋"。

又传湖州人李正臣蓄奇石一方有九峰，玲珑婉转。东坡见之命名"壶中九华"，并以百金欲买之，议价未果，便被贬南迁了。思念之余，做诗吟叹："清溪电转失云峰，梦里犹惊翠扫空。五岭莫愁千嶂外，九华今在一壶中。天池水落层层见，玉女窗明处处通。念我仇池太孤绝，百金归买碧玲珑。"可惜八年后再过湖州，李正臣已将石卖，东坡捶胸顿足，惋惜不已，再做诗追叹；"江边阵马走千峰，问讯方知冀北空。尤物已随清梦断，真形犹在画图中。归来晚岁同元亮，却扫何人伴敬通。赖有铜盆修石供，仇池玉色自玲珑。"在做此诗后不久，苏轼卒于常州。因此"壶中九华"一石便成了苏东坡的终生遗憾！黄庭坚又追和东坡"壶中九华"诗写道："有人夜半持山去，顿觉浮岚暖翠空。试问安排华屋处，何如零落乱云中。能回赵璧人安在，已入南柯梦不通。赖有霜钟难席卷，袖椎来听响玲珑。"世人以石诗抒怀莫过于此。

在中国的四大名著中石头都是主角。《三国演义》诸葛亮以石为阵；《水浒传》花石纲引人造反；《西游记》孙悟空石猴转世；《红楼梦》原本就叫《石头记》。世人说："对花可解语，对月可寄情。"南宋爱国诗人陆游却在他的赏石诗里写道："花虽解语还多事，石不能言最可人。"俗雅之别可见一斑。

近代赏石佳作更层出不穷，沈钧儒先生的《与石居》是一篇以石明志之诗："吾生尤爱石，谓是取其坚。掇拾满吾居，安然伴石眠。"好一个"谓是取其坚"！军旅作家吴恭让先生把石头归纳为："奇石是读不尽的诗，奇石是看不够的画。奇石是醉不醒的酒，奇石是品不淡的茶。鉴石如此，鉴人如斯。"好一个鉴石如鉴人！贵州著名学者、文学家、赏石家、书法篆刻家戴明贤先生笔下的奇石是："石呈万象，亦一大千。渊默如雷，亿兆千年。地火焚烧，异彩炳焕。湍流冲刷，莹质浑涵。弃之沟壑，石自怡然。千金论值，石唯寂然。行藏任汝，故我依然。石乃禅兮，守真忘言。"妙、妙、妙！诗中"三然"道出石君真品质，令人叹为观止。石头是人类赖以生存和进化发展的工具，石头是人们励志明心和修身养性的榜样和宝藏，一部石文化发展史也是一部人类进化史。

贵州既是"神秘的奇石王国"，又是"古生物化石王国"。置身黄果树的一年多时间里，我无时不感到黄果树的神奇。一山一水一草一石更加充满灵气和神韵，是大自然赋予了这壮观、雄伟的石文化景观——黄果树大瀑布。在这里我们感受到用大瀑布之水作墨，用石壁作纸的红崖天书昭示的天籁之音；我们感受到石头昭显万物，自强不息的坚韧不拔。我心中陡生一种愿望，能不能把大自然给予我们鬼斧神工之美的石头，赋予文化之魂呢？

《黄果树奇石》一书是集黄果树奇石馆典藏与高品位鉴赏文章于一身的专业画册。绝品无数，精美无比。本人受两位主编之托，勉为其难，班门弄斧，献丑言序，实感汗颜。

贵州黄果树旅游集团股份有限公司　董事长
二〇一〇年五月二十八日

以石为媒，架起东西方文化交流的桥梁

据我个人了解，中国奇石贸易在国际上还局限于日本、韩国及东南亚国家。中国观赏石如何引起欧美国家重视，是需要探索的现实问题，黄果树奇石馆开办或许是一个不错的突破点。

国际上销量最大的奇石依次是矿物、化石、陨石。目前国际上矿物、宝石、化石及石质工艺品展销市场主要集中在美国和欧洲，日本和其他地方有零星的分布。特别是欧美国家奇石(矿物)市场已有100多年历史，其长盛不衰、持续发展的重要原因之一，是各国许多地区的博物馆、宝石矿物协会、化石俱乐部经常举办融商业性、学术性、趣味性及普及教育功能为一体的宝石、矿物、化石展销会。在国际上，每年举办重要奇石展销会上百个，其中规模和影响较大的展销会也有几十个。美国以亚利桑那州的图桑和科罗拉多州的丹佛为最大，前后附着有30多个大小不同的展会。欧洲以德国慕尼黑和法国圣玛丽展会为主体，前后连带有40多个展会。国际上规模最大的石展是美国图桑宝石矿物展。亚洲最大奇石展会在日本东京。

中国在宝玉石、矿物开发上成绩斐然，在世界上也占有一席之地。虽然在部分省市已形成了一定规模的矿物市场，也有部分消费群体，但总体上说对矿物认识不足，从奇石产出情况和消费水平看，中国介于国际上典型的奇石资源国和消费国之间。

国际奇石市场巨大，而中国的奇石外销额仅占很小比例，因此要依靠所掌握的场馆和资源充分调动全国的资源，举办国际性交流活动，并以此为切入点将中国奇石行业与国际市场进一步接轨，把中国奇石展销活动推向一个崭新的阶段。

东西方赏石文化的差异是巨大的，中国赏石文化独具特色。只有通过博物场馆、展销会等措施吸纳国内外奇石资源，并提供各方面的服务及保障，为东方赏石文化走向世界开辟窗口。通过这扇窗口，充分展示东方赏石文化的多样性及魅力，让世界充分认识了解东方赏石文化。为国外奇石、矿物商进入中国提供有效的渠道。通过东西方奇石贸易，不断扩大石文化交流。东西方藏石风格的交融以及地学知识在中国的普及，将使世界奇石贸易更加活跃，中国赏石文化在国际上的地位将会不断提高。

从文化的角度来看，东方人赏石观的基础，是古代的道家、儒家、佛家等人文科学；而西方人赏石观的依托，则是近代的天文、地理、物理、化学、生物等自然科学。

从价值取向的角度来看，东方人的传统赏石观是以道德为主线，让清供、揣摩、感悟、把玩贯穿其中，以享受生活、丰富自己的精神世界为目的；而西方人的赏石观大都以利益为先导，去搜罗、交换、拍卖、流通，以获取较大的商业价值为终结。

通过以上观点透视，我们知道东西方赏石观的差异性是客观存在的。值得强调的是，目前中国似乎正处于东、西方文化汇流的瀑布口，赏石者的传统观念将发生前所未有的激变。可以预料，今后东、西方的赏石观不会再像目前的彼此孤立和互相排斥的状况，其发展趋势必将是海纳百川的交融式，即你中有我、我中有你。这将是一个质的飞跃，它们本来就是互为依存的一个整体，是人类赏石文化的坐标。从这个意义上来说，以石为媒，是架起东西方文化交流的一座桥梁！

国际盆景赏石协会（BCI）　理事长

二〇一〇年五月

祭石文

铮铮乎石为大地之骨，默默举土载万物。深藏显突，俯仰自如。高耸筑山，遮风挡雾，积冰雪而化四时流水，源源以作生灵之乳。下沉为渊，储泉成湖，游鳞潜蛟，蒸云化露，滴滴养花润叶，殷殷举果献粟。虚怀为窟，如室如屋，始祖择而居之，御寒避暑。由是生生不息，子孙辈出。

石之于人，恩有史录。先苦缘木居，后喜石穴宿。飞石逐猎，取山禽林兽以饱饥腹。燧石取火，舍茹毛饮血而得食熟。劈石为斧，斫木结庐，据此而为家室，散乱终有归宿。凿石成臼，磨石成杵，捣壳取仁，啖精弃粗。得美食以养心智，获器皿而追有索福。冶石得金，锻制刀锄，垦荒芜而成阡陌纵横，烟火绵绵始有富足。理石作磬，叩音为谱，苦乐击石歌且舞，悲欢随律长相诉。

石之于心，魂有所属。远古洪水滔天，生灵涂炭，女娲炼石，得补苍穹淫漏之窟。精卫悲魂化鸟，爱醒蒙初，衔石填海，而为情之至诚传述。彩石为笔，石壁涂符，记事写情留迹于尘世，开启文字书画于千古。和氏璞石，藏美于朴，成灵玉而淫威欲夺，蔺相为国以死拼护。石孕灵猴，魔惧妖怵，护善为圣，誉之妇孺。人赋石魂，呼之欲出。

石之于美，秉情载负。垒坝砌渠，泽被民生众庶。为基作础，功在风雨长固。筑路铺衢，长惠人世相帮来往奔赴。刻碑修墓，炳德以教子孙后续。雕狮琢龙，镇邪安户，意在石之坚实厚重而生威武。塑佛立神，寄心祈禄，韵在石以朴真而生诚笃。好纹乐色，自出灵府。选肌择肤，各有所图。辨枯识润，感于心枢。赋形谓韵，怀有所诉。人石交感，道随心悟。

呜呼，天地有大美而无言，石之有精魂而语乎？彩纹美质，不因世俗。为贱为贵，不作喜怒。巧拙精粗，我故我素。获珍遭弃，泰然若无。刀劈斧斫，碎而不屈。经火历炉，清白不辱。以石为尊，前有米芾。收石藏奇，今为尚族。深掘浅拾，际遇各殊。巧求重购，流转于途。清供雅赏，面石若读。捧抚把玩，有儒有俗。慧者扬目，迷者呆目。或为瞬息，或痴朝暮。得则抚掌，失则顿足。崇石养心自为石之主，贾石逐金终成石之奴。为主为奴石自在，造化有情随缘逐。今之为文祭石魂，歌哭不与石相负。

安顺市文学艺术联合会　主　席

为石而歌

■ 邓克贤

石兮有源　难以溯根　石兮有语　达古通今

有兮有灵　神交悟明　石兮有性　刚柔寄形

石兮有思　哲理蕴深　石兮有智　纵横纬经

石兮有色　百彩缤纷　石兮有态　会意率真

石兮有情　结缘难分　石兮无双　奇诡神英

呜呼——

石为瑰宝　伴尔人生　珍之惜之　唯此独尊

雅韵天成

贵州红

　　属马场石中的红色石，产于贵州普定三岔河马场段。该石种是20世纪80年代末由当地村民偶然发现的，属贵州赏石界主打石种之一。该石石质坚硬，色泽鲜艳，纹理清晰。其中红色就分鸡血红、重枣红、玫瑰红、千层红、黄夹红、绿夹红等，极具观赏价值。

　　贵州红硬度一般在莫氏7度以上。贵州红系前寒武纪海底火山喷发的玄武岩通过高温高压交织而成，矿物成分十分复杂。硅化程度高，玉质感强。经亿万年河水的冲击、磨砺，石体光滑如琉，珠光宝气。贵州红分水冲石、洞穴石、地埋石三种，尤其以有形有色的水冲石为佳。

乌江石

　　产于贵州乌江沿河段，系寒武纪硅质岩经过江水千万年冲刷而成。乌江石质地坚硬，形成难度大。其形千姿百态，象形状物；其纹变化多端，舒卷有致；其色古朴庄重，赏心悦目；其质坚硬细腻，爽滑圆润，极具观赏价值和收藏价值。

　　乌江石硬度在莫氏6.5度左右。乌江石中的画面石，画面结构完美，生动逼真，内容丰富。有不少形成浮雕画面，立体感强，光洁柔润，堪称上品。

贵州墨

　　又名把坎石、黔墨石，产于红水河贵州罗甸段及其支流。该石种水洗度极高，光润如玉，细腻如肤。色泽乌黑锃亮，光彩照人。贵州墨多有成形成景者，尤其石上穿插白色石英，在黑色背景烘托下，似高山流水、大江东去，既有动感，又富灵性。其中有深灰与黑色交织者，被当地石农称为俏色，视为上品。

　　贵州墨硬度在莫氏6度左右。要提醒大家的是：贵州墨在赏玩时很注重石皮，有粗皮、细皮之分。上等的细皮黑，也称精墨玉、黑珍珠。

瀑布石

　　又称盘江瀑布石，属盘江景观石类。瀑布石是在景观石中出现一股或几股白色石英脉而酷似飞瀑直泻、秀峰隐泉等的简称。瀑布石多为硬砂岩或少许石灰岩，由于地质变化，形成部分石英聚集成块状、斑状、线纹状附在岩石上。当部分岩体崩落江中，历经水冲沙磨，才出现别具特色的瀑布石。瀑布石韵味独到，极为难求。故而有山形好、水形略差的；水形好、山形欠佳的；山形好、水形佳的极品，实乃可遇而不可求。

　　瀑布石景观要求：峰岭台坡，壑峦沟谷，或雄或秀，或奇或险，整体协调。水形要求：水口在距峰顶三分之一或二分之一处；流水在石面，应不小于90°；流水要求不翻顶，才有美感；其瀑源、瀑口、瀑身与山形要求自然和谐，融为一体。

盘江石

　　又称南盘江石，产于贵州兴义南盘江。盘江石主要由黑色钙质岩及砂岩组成，莫氏硬度在4.5～5.5度。盘江石经南盘江湍流的江水数千年的冲刷溶蚀而成形，因此早有"盘江石以形取胜"之说。该石颜色多为青灰和灰黑色，色泽朴实沉稳，石皮粗中有细，显得古朴凝重，潇洒飘逸。盘江石造型千变万化，丰富多彩，人物动物栩栩如生。特别是景观石，有孤峰、双峰、群山、断崖、沟壑、平台、洞穴、天池等。上好的景观石，天堑绝壁、雄伟壮观，险峻秀丽、纵横交错，大有气壮山河之势。可以说盘江石中的景观石是十分典型的"三山五岳，百洞千壑，觑缕簇缩，尽在其中，百仞一拳，千里一瞬，坐而得之"。

贵州青

　　又称贵州青石、天柱石，产于贵州清水江天柱段。该石种质地细腻，石肤滑润，纹理清晰。其色深绿泛青，极具特色，故而得名。贵州青外形变化奇特，极具陶瓷韵味。其原岩为石英砂岩、浅变质岩、粉砂质板岩，经清水江冲刷磨砺，形成天然景观，巨型的可达数吨。

　　贵州青硬度多在莫氏6度以上。清水江东段长约250公里，出露岩有灰绿色条纹状砂质绢云母板岩、硅质板岩、变质粉砂岩、凝灰质板岩等，是贵州青的主要产地。

龟纹石

　　多产于贵州、广西、湖南。该石分水石、旱石两种，旱石大都半裸于地表，因其石体布满类似龟裂的纹理而得名。水石多体态浑圆，如栩栩如生之龟。石上纹理亦有方形、菱形、鱼鳞形、竹叶形等。稍加清洗后石纹立现，对比十分鲜明。贵州产龟纹石中有类似古铜色者，当地称之为铜龟纹，比一般龟纹石硬度高，上好的铜龟纹石质硬度可高达莫氏6.5度。在东方的赏石文化中（特别是韩国），龟纹石属典型的寿石。

黔太湖石

　　又名窟窿石、园林石、假山等，是一种石灰岩。太湖石有水、旱两种，其形各异，姿态万千，玲珑剔透，最能体现"透、瘦、漏、皱"之美。其色泽多为灰色、白色、黑色。相对而言，石灰岩容易受到风化侵蚀、水冲剥落，产生造型。我国碳酸盐岩分布区很广，在适宜的构造、岩石和水文地质条件下，均可寻找和开发类似江苏的太湖石。太湖石为典型的传统供石，历朝历代多用于皇家园林。现在还有一种广义上的太湖石，即把各地产的由喀斯特作用形成的千姿百态、玲珑剔透的碳酸盐岩统称为太湖石。唐吴融的《太湖石歌》生动地描述了太湖石："洞庭山下湖波碧，波中万古生幽石。铁索千寻取得来，奇形怪状谁得识。"

红河石

又称红水河石，产于红水河贵州罗甸段。当红水河流经此地时形成了一条数公里的急流段，红河石就是在此冲刷磨砺而成。这是由于地壳的变化，每逢雨水季节，河水把河床上的石头卷进了急流，经年复一年的水涨水落，夹带着沙石的河水把石皮冲刷得非常光滑，又加上石体本身有一层很柔和的色彩，而使红河石极具观赏性和收藏价值。

龙宫石

是产于贵州安顺龙宫风景区及附近溪河中的一种水冲石。该石硬度一般只在莫氏5度左右，由于硬度不高，容易成形。再加上多以青灰、浅红、黑色岩体为主，有时会形成交织产生画面，因此十分受赏石者青睐。

夜郎铜石

又称古铜石，主产于贵州安顺普定三岔河流域，省内斯拉河、南盘江、北盘江、红水河、清水江、乌江等流域也时有发现，该石以其皮色酷似古铜而得名。

古铜石莫氏硬度为7度左右，石上多见凹凸、包块、沟槽、圈点。构成图案一般有：敦煌壁画，摩崖石刻。风起云涌，惊涛骇浪。图案明显，古朴典雅。变幻无穷，自然天成。古铜石出水时附着物不多，稍用清水洗刷即可。

斯拉河石

又名煤焦石，产自贵州平坝斯拉河。该石莫氏硬度为6度左右，外形凹凸不平，叩之有声。石色以黑色为主，石肤光润，古朴沧桑。斯拉河石是在地壳运动的反复作用下形成的，多有植物条块状，偶含有珊瑚、藻类、菊石、贝壳等古生物化石。打捞出水时，表面水垢沉积，附着一层较厚的硬质泥沙。清洗时可用少许盐酸浸蚀，待泥沙松动后，可用铁铲、钢刷剥刷，再以清水冲洗，石体即显青黑色。

绿龟河石

　　产自贵州六冲河支流扒拉河至架盖河段之绿龟河。该石系硅质岩类，石质莫氏硬度6～7度。石状类似卵石，却不同于卵石。其石表面坑洼突出，光滑如琉，亦多有造型者。石上色彩丰富，颇似彩陶，古朴典雅。绿龟河属季节性河流，河石水冲程度不一，临水面较光滑，埋沙面水垢堆积，整石洗净后两面颜色有差异。绿龟河石蕴藏量极少，从2001年发现始，至今石源基本枯竭，现已难得一见。

贵州石胆

　　又称黔中石胆、石结核、石蛋等，主要产自贵州黔南三都姑挂村，安顺、兴义、遵义也时有发现。该石莫氏硬度为5度左右，外形呈青、黑、赤等色，深浅不同，有所变化，尤以色泽淳朴、圆润饱满为佳。姑挂村地处武陵山脉，石蛋分布在方圆数公里的几座山体陡崖上，大大小小、深浅不一地嵌在岩层里，有的只露一点蛋头，有的已露出一半，有的已挤出岩层悬挂在岩壁上。经长期风雨冲刷、山体滑坡，留落在山沟、溪河的石蛋，多被当地村民收藏于家中。

低坝石

　　又称盘江低坝石，产于贵州兴义天生桥水电站大坝下游10公里河段。石质多为白云岩和砾岩，硬度略低于灰岩、砂岩。颜色有深红、朱红、浅灰等色。低坝石石质细腻，起伏变化大，孔洞窝函，既有太湖石透漏的特点，又有水冲石润滑之特色。低坝石形成的景观石或山势雄伟，或深池幽洞。其中的大型园林石，是现代城市置景的首选雅石。

晴隆玉

　　又称贵州玉，晴隆贵翠，产于贵州兴义晴隆大厂。该石具玻璃光泽，但不纯和，多杂质，属硬玉料。晴隆玉为含绿色高岭石的细粒石英岩，质地虽细，但颜色不像东陵石和密玉那样鲜艳，高岭石的鳞片也不明显，分布也不均匀，用肉眼粗略观察很像低档的翠。

　　据资料显示，晴隆玉含SiO_2约87%、Al_2O_3约6.0%，少量Fe_2O_3、Cr_2O_3、TiO_2、Na_2O、K_2O、Sb等。有天蓝、翠绿、浅绿、灰黄、黑红等色，以天蓝、翠绿为佳。具花岗变晶结构、包含结构、块状构造。莫氏硬度约7度，密度2.65～2.70克/立方厘米，折射率1.54～1.55。含矿地层处于下二叠纪茅口石灰岩之上和上二叠纪峨眉山玄武岩之下。

名称：黄果树瀑布
石种：贵州红
规格：38cm×18cm×15cm
产地：贵州普定

沁园春

　　一挂珠帘，百尺珊瑚，十里惊雷。望银蛇狂舞，风烟滚滚，虹霓泛彩，气势恢弘。巅峦巍峨，悬河叠荡，激越心潮逐浪飞。慑魂处，更人行瀑里，震悚声威。

　　山川挹注芳菲。天生就，灵波倚翠微。见璞光璀璨，迷离若幻；辇台静谧，神往难归。旷世奇观，云根览胜，快意平生能几回？长相忆，这石中美景，华夏之魁。

名称：江山
石种：文字石
规格：（江）28cm×23cm×5cm
　　　（山）20cm×16cm×5cm
产地：贵州罗甸

忆少年

　　江山秀丽，江山多娇，江山如画。江山多壮观，江山多宏伟，江山永固华夏。今又是江山一统。现江山二字，捍江山中华。

名称：乌蒙磅礴
石种：贵州墨
规格：110cm×58cm×50cm
产地：贵州罗甸

势如行云气宏庞，巅峦起伏莽苍苍。
沟涧溪河层密布，条条直通牂牁江。

名称：红岩挂瀑
石种：贵州红
规格：35cm×39cm×28cm
产地：贵州普定

雅韵天成

高高红峦上，丝丝一瀑涟。
一泻三千尺，岩顶有源泉。

名称：凤歌鸾舞
石种：红河石
规格：67cm×71cm×29cm
产地：贵州罗甸

上截已成凤凰头，大红彩带绕身周。
下截又有鸾舞势，千姿百态更风流。

名称：红河女神
石种：贵州墨
规格：62cm×57cm×20cm
产地：贵州罗甸

面如仕女实可人，秀发飘逸更传神。
千年修成红河女，万年修来有缘人。

名称：恐蛳
石种：贵州墨
规格：62cm×22cm×22cm
产地：贵州罗甸

侏罗纪时我称王，水陆两面摆战场。
一张巨口能吞象，江河湖海任行藏。

名称：鸵鸟
石种：龙宫石
规格：29cm×14cm×8cm
产地：贵州安顺

鸵鸟原本是猛禽，历经驯养善其身。
豺狼虎豹能感化，唯有人心抚不平。

西江月

　　山高壁陡台平，峰峦直耸青云。漫山遍野古柏林，屹立巍然嶙峋。攀峰如入仙境，登台可擒苍鹰。起起落落均有品，又见旭日东升。

名称：观日台
石种：马场石
规格：40cm×29cm×14cm
产地：贵州普定

名称：红峦天路
石种：贵州红
规格：29cm×21cm×13cm
产地：贵州普定

一条黄径上红峦，犹如一沟小溪湾。
山色似火通天路，天上人间不一般。

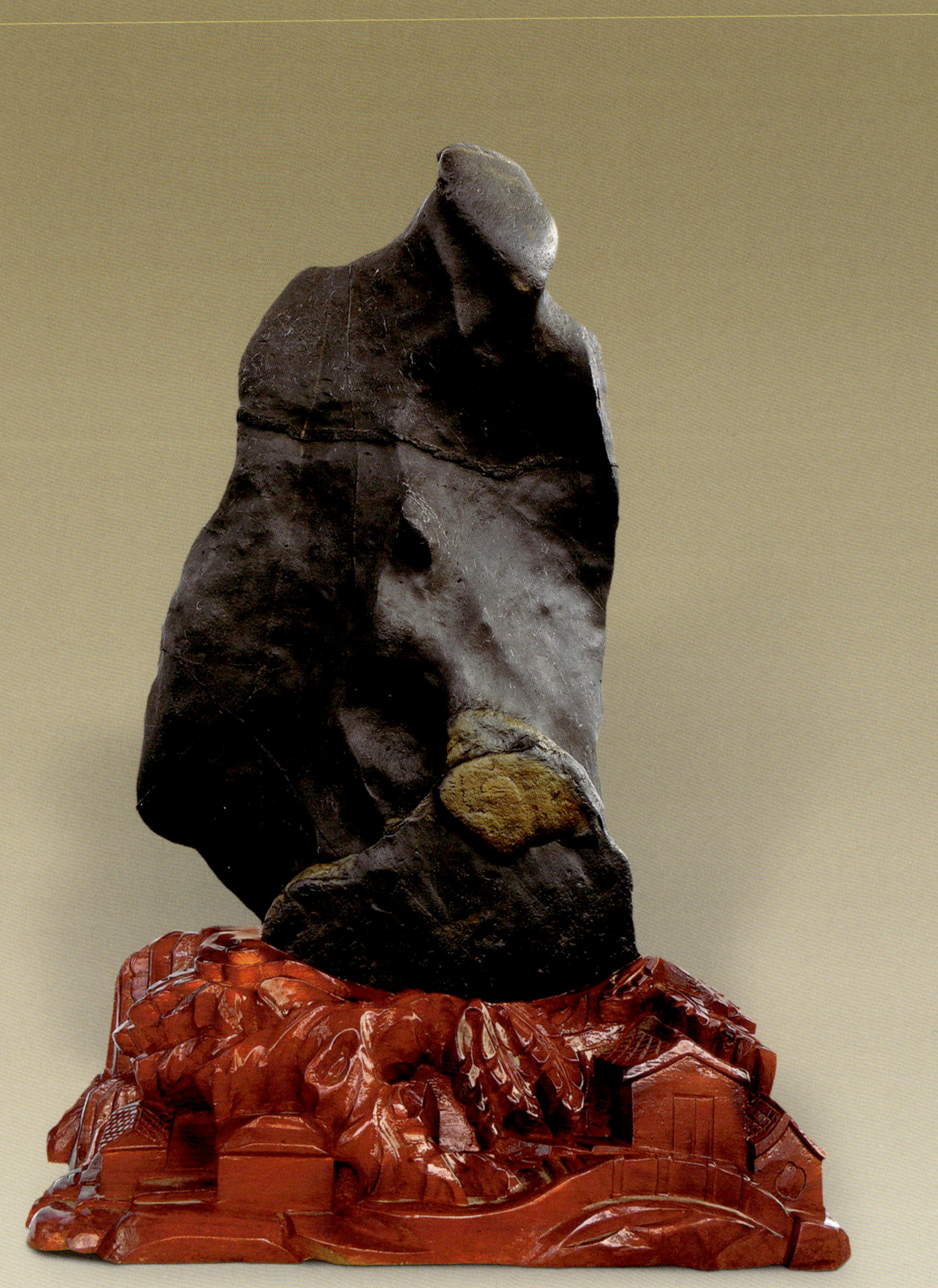

名称：夜郎王
石种：贵州墨
规格：20cm×33cm×11cm
产地：贵州罗甸

水调歌头

　　西南夷列传，夜郎属大国。建都黔中腹地，疆土极辽阔。夷君长以什数，驰骋滇湘柱，深峦有部落。山清水更秀，有江名牂牁。

　　助汉室，伐南越，功勋卓。武帝封王金印，汉夜也睦和。多同传位至兴，太守陈立诡计，萧墙动干戈。夜郎表君主，从此失山河。

名称：大禹治水
石种：贵州青
规格：50cm×66cm×19cm
产地：贵州天柱

名称：愚公移山

石种：贵州青

规格：78cm×58cm×39cm

产地：贵州天柱

身背巨石誓移山，毅然决然永向前。
常以愚公勤励志，坚贞不屈是大贤。

名称：九龙壁
石种：贵州墨
规格：74cm×39cm×20cm
产地：贵州罗甸

墨玉壁上九龙盘，盘根错节十八弯。
弯弯曲曲分静动，动人心魄不可攀。

名称：黄山晨曦
石种：贵州青
规格：73cm×33cm×23cm
产地：贵州天柱

山色青黛黄，流云绕山冈。
不求争艳丽，只求淡雅妆。

名称：山韵
石种：盘江石
规格：36cm×17cm×15cm
产地：贵州兴义

一峰直耸入云天，群山环抱势绵延。
跌宕起伏成天险，意韵尽在不言间。

名称：山韵
石种：盘江石
规格：36cm×17cm×15cm
产地：贵州兴义

一峰直耸入云天，群山环抱势绵延。
跌宕起伏成天险，意韵尽在不言间。

雅韵天成

名称：鹳雀

石种：贵州墨

规格：10cm×31cm×6cm

产地：贵州罗甸

黄河岸边一禽族，之涣曾登我家楼。

一语白日依山尽，千古黄河入海流。

名称：企鹅

石种：贵州墨

规格：59cm×82cm×52cm

产地：贵州罗甸

生长在南极，冰天雪地栖。

今日成石鹅，可谓世间奇。

名称：黔山飞瀑

石种：盘江石

规格：17cm×22cm×5cm

产地：贵州兴义

飞流三千挂黔山，如闻瀑鸣撼山川。

骚人墨客忙止步，文思泉涌舞青丹。

名称：星耀丹崖

石种：贵州红

规格：28cm×38cm×14cm

产地：贵州普定

江南春

　　红彤彤，似丹霞。辉映星光闪，璀璨落高崖。碧玉艳丽质坚硬，锦上添花呈光华。

名称：画脂入石
石种：马场石
规格：25cm×22cm×12cm
产地：贵州普定

油脂描彩绘，意境入山江。

赏心悦目处，岂能无文章？

名称：春山残雪
石种：马场石
规格：19cm×17cm×8cm
产地：贵州普定

半山堆雪半山葱，翠染山谷皓描峰。
此景不止天山有，北国南江一般同。

名称：金阳霞飞

石种：贵州红

规格：43cm×32cm×24cm

产地：贵州普定

色美如金阳，飞霞映红光。

石底松柏卧，江山莽苍苍。

名称：古堡遗韵
石种：贵州墨
规格：52cm×36cm×40cm
产地：贵州罗甸

减字木兰花
古堡幽深，历经战乱御敌城。
险关重山，一夫当关无人攀。
岁月峥嵘，大漠戈壁谁称雄？
千年残缺，遗韵而今尤未歇。

雅韵天成

名称：通天河主
石种：龟纹石
规格：48cm×23cm×13cm
产地：贵州安顺

南乡子

　　体态团团，从不掀浪搅波澜。通天
河里曾捣怪，无奈，只因玄奘失信赖。

名称：凤蝶翩翩
石种：贵州墨
规格：33cm×25cm×27cm
产地：贵州罗甸

形如一只黑凤蝶，黑头灰翅世间绝。
本该起舞花丛内，何故来此久停歇？

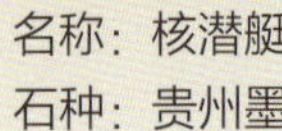

名称：核潜艇
石种：贵州墨
规格：29cm×15cm×10cm
产地：贵州罗甸

庞然大物探出头，还有大半海中留。
现代海战不可少，国门靠我暗巡游。

名称：乌蒙春晓
石种：马场石
规格：26cm×15cm×13cm
产地：贵州普定

神州大地春色染，乌蒙深处也盎然。
春光无限心神往，切莫等闲误时光。

雅韵天成

名称：玲珑鸟

石种：黔太湖石

规格：19cm×36cm×10cm

产地：贵州安顺

此本旱太湖，玲珑如鸟雏。

透漏皆俱有，瘦皱更添酷。

名称：米老鼠
石种：盘江石
规格：19cm×24cm×11cm
产地：贵州兴义

两耳高高竖，双眼灵如炬。
大名扬天下，快乐米老鼠。

眼儿媚

　　石中分明有丹青，男女两钟情。天荒地老，海誓山盟，心许亲卿。

　　青春邂逅人生路，结百年同行。花前月下，相亲相爱，美缘良姻。

名称：月下情

石种：贵州墨

规格：32cm×21cm×10cm

产地：贵州罗甸

名称：玉面狮子

石种：马场石

规格：22cm×24cm×17cm

产地：贵州普定

绿绿碧玉石，凛凛一雄狮。

镇宅灵气大，威武有风姿。

名称：关山

石种：盘江石

巅峦陡峭势恢弘，峰岭比例忒适中。

不是天神来造化，定是地王鬼斧工。

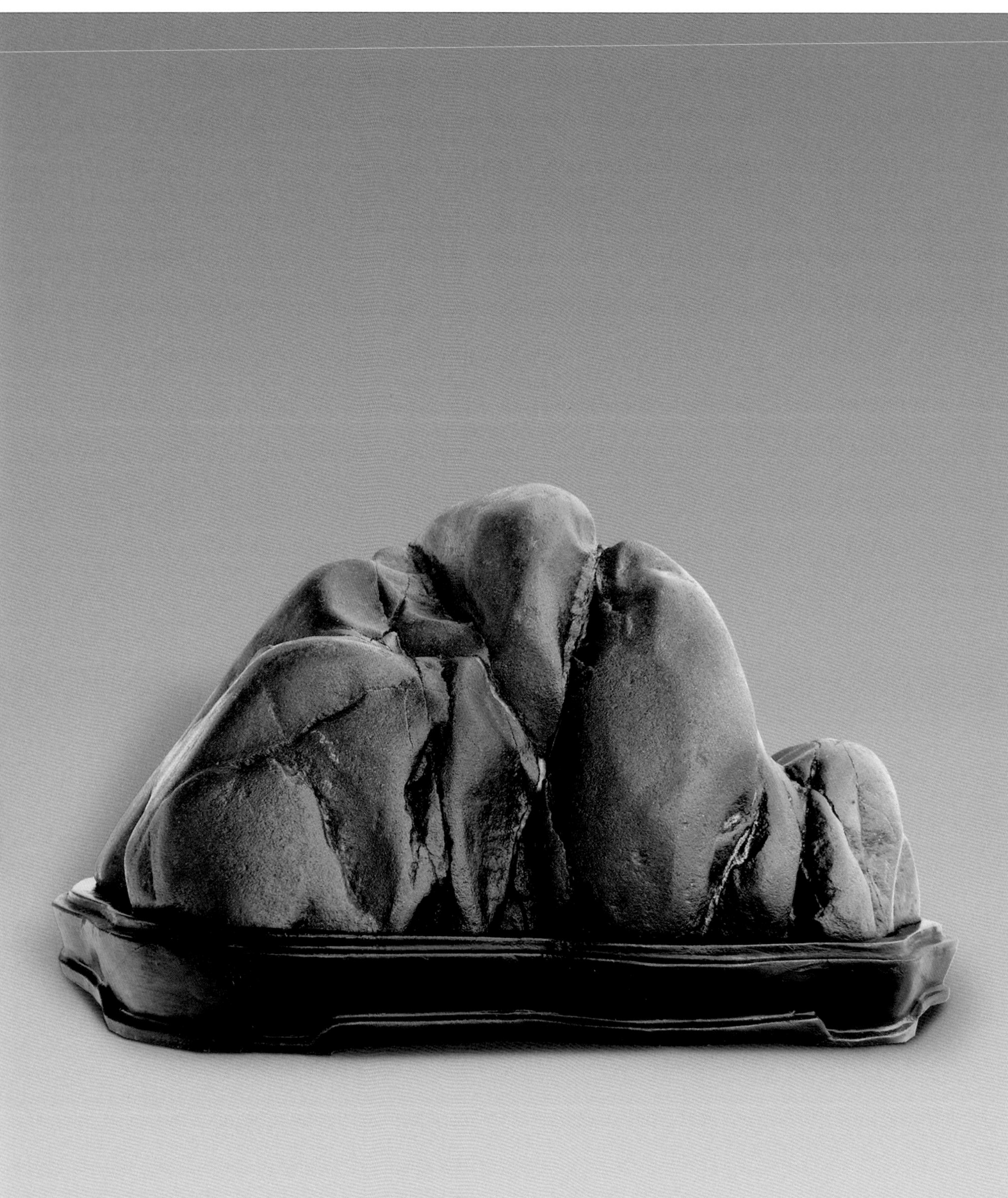

名称：关山

石种：盘江石

规格：25cm×13cm×14cm

产地：贵州兴义

巅峦陡峭势恢弘，峰岭比例忒适中。
不是天神来造化，定是地王鬼斧工。

名称：行云流水

石种：贵州青

规格：48cm×29cm×28cm

产地：贵州天柱

石纹如行云，肌理似流水。

青中淡淡绿，其形也雄伟。

名称：对鸽
体积：（左）63cm×50cm×25cm
　　　（右）61cm×53cm×27cm
石种：盘江石
产地：贵州兴义

两只鸽子色灰灰，来自盘江乱石堆。
今日有缘成一对，要学鸳鸯比翼飞。

名称：春满天涯
石种：马场石
规格：24cm×20cm×9cm
产地：贵州普定

浪淘沙

　　春色染重崖，胜似春花。一片新绿写春华。
天上人间春情在，春潮勃发。春风舞云霞。春光
无限，沥沥春雨沐春茶。春来也，春满天涯。

名称：东海日出
石种：贵州红
规格：34cm×24cm×23cm
产地：贵州普定

捣练子

东海东，巨澜中。托起朝阳一轮红。
光芒万丈生万物，才有春夏与秋冬。

名称：绿水青山
石种：贵州青
规格：52cm×73cm×26cm
产地：贵州天柱

青山峰连峰，绿水落长空。
珠帘一挂挂，尽在山水中。

名称：空心石
石种：贵州墨
规格：90cm×78cm×30cm
产地：贵州罗甸

石心空空，妙在其中。
人心通通，只辨奸忠。

名称：古木参天
石种：钟乳石
规格：18cm×68cm×8cm
产地：贵州晴隆

挺拔参天势，誓做栋梁材。
此石能励志，莫怨空怀才。

名称：七级浮屠
石种：龙宫石
规格：23cm×39cm×23cm
产地：贵州安顺

中华原本无塔字，隋唐浮屠译为塔。
佛塔专藏舍利子，又称圆冢与塔坟。

名称：萍踪浪迹
石种：乌江石
规格：46cm×33cm×18cm
产地：贵州沿河

绿波荫荫静，浮萍泊岸停。
微风飘飘荡，水秀山更明。

名称：霞映昆仑
石种：贵州红
规格：30cm×21cm×12cm
产地：贵州普定

昆仑日初升，霞晖映山魂。
祖国山河壮，民生日蒸蒸。

名称：麒麟献瑞
石种：贵州墨
规格：82cm×62cm×30cm
产地：贵州罗甸

水调歌头

　　瑞应麒麟图，审度画为先。龙凤龟麟四兽，祥和献人间。雄麒雌麟一对，吉祥如意成双，传说任古贤。灵物何处有？幽居在洞天。

　　首同龙，身似麋，鳞更坚。四肢驹蹄，一条牛尾胜钢鞭。穿云入水吐火，呼风唤雨吼雷，寿延越千年。神仙常骑坐，来去如云烟。

名称：云水茫茫
石种：画面石
规格：37cm×41cm×4cm
产地：贵州

天连水来水连天，浩浩荡荡亿万年。
画中妙韵天工晓，气敛神凝如有神。

名称：青岩夕照
石种：马场石
规格：26cm×25cm×12cm
产地：贵州普定

夕阳落青岩，绿韵盛空前。
更有黄几点，菊仙舞翩跹。

名称：火云山
石种：贵州红
规格：38cm×25cm×22cm
产地：贵州普定

云山红似火，事业日蒸腾。
喻意妙无比，不愁事不成。

名称：黄河之水
石种：乌江石
规格：47cm×26cm×17cm
产地：贵州沿河

君不见黄河之水天上来，奔流到海不复回。
君不见石中浪卷奔腾去，朝朝暮暮不停歇。

名称：清水江畔
石种：贵州青
规格：32cm×22cm×12cm
产地：贵州天柱

清水江里贵州青，色彩清雅出了名。
纹理清晰美如画，不负清江流水情。

名称：玉山青
石种：晴隆玉
规格：46cm×43cm×20cm
产地：贵州晴隆

黔中福地玉为山，红黄青绿略泛蓝。
专家命名贵州玉，晴隆贵翠美名传。

名称：猴头山

石种：贵州红

规格：46cm×37cm×11cm

产地：贵州普定

山如一猴头，仰面朝天修。

峦红如重枣，还有溪和沟。

名称：瑞兽貔貅

石种：贵州墨

规格：55cm×35cm×28cm

产地：贵州罗甸

人月圆

　　神封貔貅为瑞兽，传它镇宅咒王氏神道，黑腰虎面，将军赳赳。

　　轩辕有论，雄乃称貔，雌则曰貅。单角天禄，双角辟邪，典传千秋。

满江红

　　昏睡百年，圆明园，付之一炬。甲午战，倭人猖獗，热血谁与？铁蹄强权山河破，弱肉强食民族泪。喜辛亥枪响武昌城，国人鼓。

　　立共和，讲民主。求民生，民权予。雄狮一旦醒，驱狼逐虎。金陵屠城三十万，中华唤起四亿五。试问众列强，孰可辱？不可辱！

名称：中华雄狮

石种：红河石

规格：95cm×60cm×67cm

产地：贵州罗甸

名称：云岩遗韵
石种：斯拉河石
规格：88cm×50cm×43cm
产地：贵州平坝

山势突起壁更绝，雾锁云盘半山斜。
攀上高崖是平顶，一心向上不可歇。

名称：红岩壁画
石种：贵州红
规格：36cm×25cm×19cm
产地：贵州普定

石中画意浓，流霞伴飞虹。
世人看不懂，除非问天公。

名称：古陶神韵
石种：乌江石
规格：34cm×27cm×25cm
产地：贵州沿河

千年一古陶，不用火来烧。
周身水纹饰，也不用人描。

名称：金秋
石种：贵州红
规格：26cm×27cm×10cm
产地：贵州普定

满山嫣紫满山黄，金秋时节收摘忙。
为人只要勤劳作，苍天不负耕耘郎。

名称：阴石
石种：盘江石
规格：23cm×21cm×18cm
产地：贵州兴义

此形生得奇，凸凹有高低。
生命由此起，源源永不息。

名称：阳石
石种：盘江石
规格：14cm×30cm×12cm
产地：贵州兴义

生殖崇拜古来有，尤其医学探其究。
人类繁衍千万代，此石便是一源头。

千秋岁

　　白马青牛，人道是，仙家长者乘骑。黛牛丹毂，七香车，老君法力无敌。紫气祥光，伯阳西游，驾青牦一匹。列仙传载，留下千古传奇。石呈万物万器，卧牛雄姿壮，色青丽绮。栩栩如生，蠢蠢动，笔立两只角犄。生像如此，妙韵人赋予，吉祥如意。神形兼备，当今世间独一。

名称：绿满黔山
石种：马场石
规格：28cm×14cm×11cm
产地：贵州普定

相见欢

　　天青云白山翠，春风绘。恰是一草一木令人醉。画意浓，诗情萌，尽随风。但见千山万水绿葱葱。

名称：双瀑映辉
石种：盘江石
规格：24cm×20cm×10cm
产地：贵州兴义

双瀑呼应天下奇，飞短流长世间稀。
有峰有岭成佳趣，无声无息情依依。

名称：佛山
石种：贵州红
规格：32cm×43cm×24cm
产地：贵州普定

石呈一睡佛，侧靠形更殊。
笑叹众生灵，何苦比有无。

名称：北京猿人
石种：盘江石
规格：40cm×29cm×29cm
产地：贵州兴义

人类寻我于周口，石仙觅我在盘江。
他石我石不一样，我石亿年历沧桑。

名称：笑口常开

石种：马场石

规格：31cm×32cm×10cm

产地：贵州普定

慈眉善目笑颜开，莫让愁烦上心怀。
人言一笑十年少，我笑万年又何来？

名称：浅墨淡彩

石种：龙宫石

规格：32cm×20cm×10cm

产地：贵州安顺

色淡技艺高，笔下有妙招。

山水连天雪，峰峦映夕朝。

名称：红红火火
石种：贵州红
规格：33cm×22cm×13cm
产地：贵州普定

红红火火喻意佳，光鲜美艳竞奢华。
历经千秋色不改，姹紫嫣红胜丹霞。

名称：金顶佛光
石种：贵州红
规格：46cm×32cm×26cm
产地：贵州普定

浣溪沙

遥望金顶彩霞飞，云遮云散几百回，层层红霓往上堆。
约约又见佛晟罩，赏心悦目不思归，日光佛光相映辉。

名称：鲤鱼跳龙门
石种：贵州墨
规格：73cm×75cm×33cm
产地：贵州罗甸

鱼儿作势跳龙门，跃上龙门便为尊。
鉴此人人勤自励，攀登直欲上昆仑。

名称：象山

石种：贵州墨

规格：53cm×35cm×27cm

产地：贵州罗甸

此石有奇形，大象栩栩生。
有鼻又有眼，性别有特征。

名称：别有洞天
石种：低坝石
规格：50cm×30cm×25cm
产地：贵州兴义

满江红

　　佛门庄严，清静地、雷音禅寺。正中央，阿弥陀佛，一代祖师。左边是大势至尊，右边有观音大士。下坐得十八大罗汉，分第次。

　　紫殿开，祥云绕。宸阙朗，佛光照。看金碧辉煌，仙家打造。普度众生皈三宝，极乐世界乐逍遥。正修身从善，弃前恶，归正道。

名称：阿弥陀佛
石种：龙宫石
规格：35cm×25cm×14cm
产地：贵州安顺

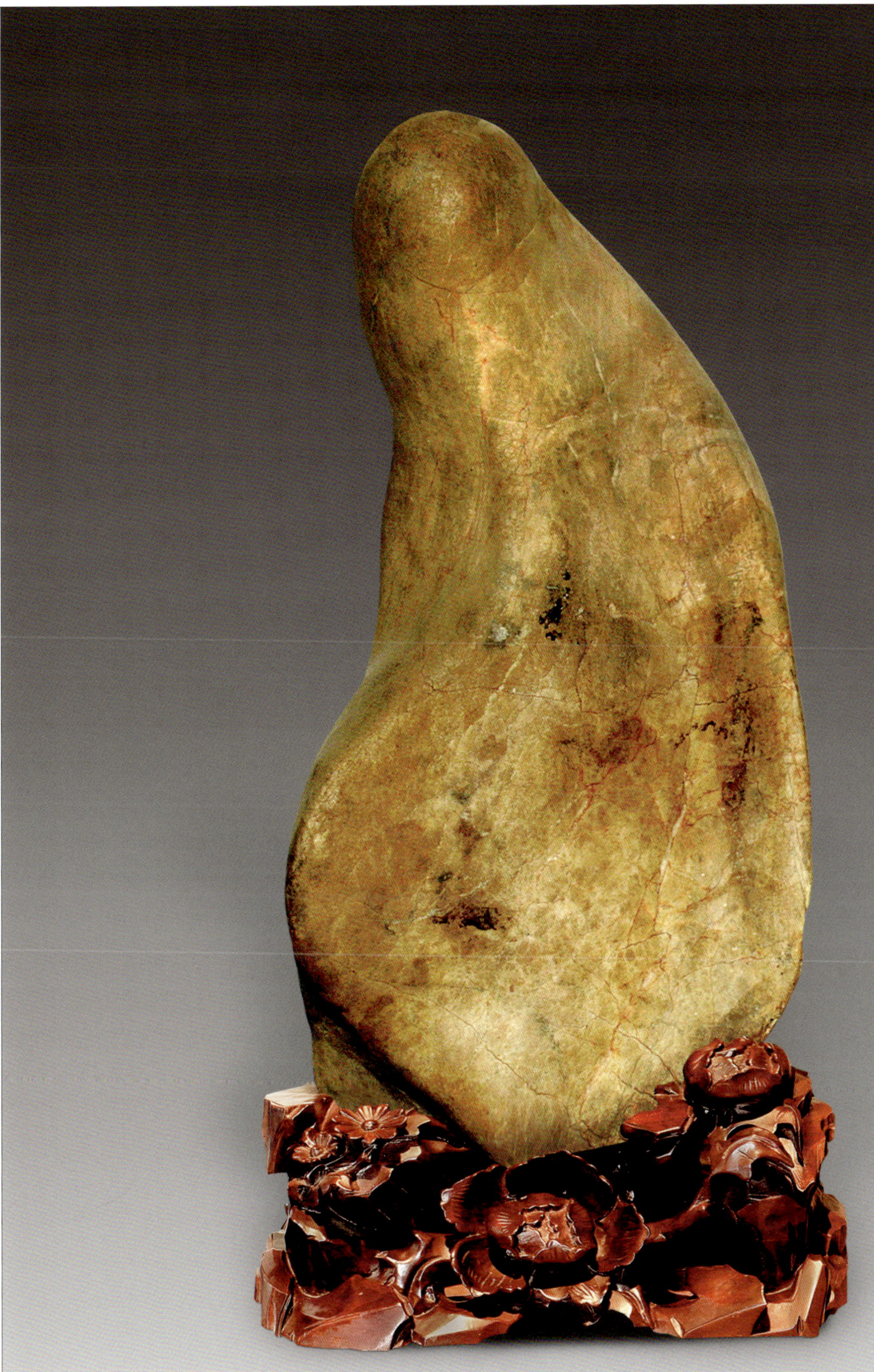

名称：观音大士
石种：盘江石
规格：25cm×45cm×15cm
产地：贵州兴义

楹联
如不悔悟苦海无边谁替你救苦救难
若能转念回头是岸何须我大慈大悲

雅韵天成

名称：春蚕

石种：龙宫石

规格：32cm×8cm×6cm

产地：贵州安顺

唐·李商隐

相见时难别亦难，东风无力百花残。

春蚕到死丝方尽，蜡炬成灰泪始干。

名称：苍山如海
石种：贵州墨
规格：106cm×23cm×38cm
产地：贵州罗甸

减字木兰花
沟壑巅峦，层层叠叠看不完。
起伏连绵，关山阵阵在眼前。
心潮澎湃，此景激起真豪迈。
画意诗情，万语千言难点评。

名称：兽王心声
石种：贵州墨
规格：115cm×100cm×36cm
产地：贵州罗甸

八声甘州

　　渺空烟云远，吼一声、青天落长庚。踞戈壁荒滩，崇一山峻岭，残庄野村。豺狼虎豹回避，生存伴血腥。昔弱肉强食，谁敢不尊？

　　百兽把我王称。靠成群结伍，繁衍子孙。令苍茫大地，尚有几山青？沙漠化、烟尘滚滚，石漠化、更寸草不生？空余这，王冠一顶，无处安身！

名称：古韵
石种：盘江石
规格：58cm×36cm×22cm
产地：贵州兴义

壶中九华由来古，此石生来龙凤舞。
色如古铜成佳韵，胜过历代云根谱。

名称：峦台映霞
石种：贵州红
规格：38cm×30cm×23cm
产地：贵州普定

捣练子
彤彤红，灿灿黄。峦台飞霞迎朝阳。
半是一挂红帘映，半山金辉半山芒。

名称：坛台遗韵
石种：贵州青
规格：45cm×35cm×23cm
产地：贵州天柱

七律
当年诸葛助周郎，设坛祭风祷上苍。
孟德兵多声势壮，仲谋无策胆气丧。
黄盖诈降谋为上，士元连环巧商量。
火烧赤壁布罗网，全仗南屏踏魁罡。

名称：布袋和尚
石种：龙宫石
规格：24cm×29cm×18cm
产地：贵州安顺

南歌子

　　一钵千家饭，孤身万里游。腾腾自在
无所为，笑口常开不问春与秋。
　　青目睹人少，问路白云头。闲闲究竟
出家人，布袋和尚傲此美名留。

名称：红佛岭
石种：贵州红
规格：28cm×38cm×8cm
产地：贵州普定

佛头为峰身作岭，分明山中有活佛。
如若有缘禅心动，从此不论有或无。

名称：肖像
石种：贵州红
规格：25cm×22cm×10cm
产地：贵州普定

茫茫人海中，谁与此石同？
有缘乃比拟，切莫怪天公。

水调歌头

　　一挂绿珠帘，涛声震连天。风烟奔腾直泻，
波光虹彩漪涟。气势恢恢而下，激越心潮逐浪，
魂绕又梦牵。瀑里能散步，人在山水间。
　　水势豪，山势峻，美空前。青崖瀑韵，云根
处处皆是缘。山水无石不秀，庭园无石不幽，此
论出古贤。观石如品茗，赏者尽开颜。

名称：青崖瀑韵
石种：贵州青
规格：55cm×35cm×38cm
产地：贵州天柱

双调南歌子

　　霭霭云霞灿，珠光宝气升。谁持彩练
舞飞红？疑是仙子漫舞落长庚。

　　菲菲长虹贯，紫气日蒸蒸。迷离若幻
不思还，真乃诗情画意油然生。

名称：彤霞台
石种：贵州红
规格：40cm×23cm×24cm
产地：贵州普定

名称：避雨崖
石种：贵州青
规格：58cm×50cm×30cm
产地：贵州天柱

峰高随坡上，崖悬好地方。
既能遮山雨，又是挡风墙。

名称：和平鸽
石种：贵州墨
规格：63cm×41cm×42cm
产地：贵州罗甸

世界要和平，何必苦相争。
人生实苦短，难道斗来生？

名称：始祖鸟
石种：低坝石
规格：64cm×40cm×38cm
产地：贵州兴义

伤春怨

　　形质色纹巧，一身烟云缭绕。时遇有缘人，拂尘精饰成宝。

　　万千年谁晓？识者知多少？今日问苍天，始祖鸟，何处找？

名称：宝山朝晖
石种：贵州红
规格：27cm×25cm×20cm
产地：贵州普定

奇峰高耸入云端，悬崖峭壁四面环。
一条小径随岩上，台顶有峰成宝山。

名称：螺蛳崖

石种：晴隆玉

规格：24cm×19cm×16cm

产地：贵州晴隆

菩萨蛮

　　东风约略吹罗幕，一阵细雨春意动。再看螺蛳崖，渐渐吐春华。

　　日日绿一片，夜夜发新芽。满山生机勃，遍地开奇花。

名称：齐天大圣
石种：贵州红
规格：31cm×30cm×14cm
产地：贵州普定

西江月

　　花果山上称圣，水帘洞里为王。七十二变
神通广，火眼金睛一双。

　　观音菩萨点化，如来佛祖帮忙。降妖伏魔
美名扬，弘扬佛法无量。

名称：石靴

石种：贵州墨

规格：19cm×14cm×7cm

产地：贵州罗甸

调笑令

　　石靴，石靴。不用扣带不打结。踏破铁鞋无觅处，今日得见有眼福。福眼，福眼。无缘之人难捡。

名称：春染绝壁
石种：马场石
规格：22cm×30cm×20cm
产地：贵州沿河

笔直陡峭入云端，峰峦挺拔上下难。
黔中有种蜘蛛人，陡壁悬崖皆可攀。

名称：城市雕塑
石种：贵州青
规格：52cm×60cm×23cm
产地：贵州天柱

拔地而起势冲天，上大下小两相连。
城市以它为标记，鼓舞市民勇向前。

名称：慧能禅师
石种：贵州墨
规格：29cm×48cm×25cm
产地：贵州罗甸

菩提本无树，明镜亦非台。
本来无一物，何处惹尘埃？

名称：观音山

石种：贵州红

规格：18cm×26cm×10cm

产地：贵州普定

此石初看有人形，莫非大士化为身。

倘若世人常祷拜，不定何时会显灵。

名称：石乳

石种：盘江石

规格：43cm×22cm×15cm

产地：贵州兴义

番女怨

　　石乳一对真美妙，能作寓教。生命泉，哺育情，不可再造。可怜天下父母心，恩难报。

名称：云纹兽首
石种：贵州青
规格：89cm×34cm×15cm
产地：贵州天柱

清平乐

　　深宅大院，云纹兽首鉴。吉祥如意保平安，瑞气紫光常献。

　　此石万年吸纳，占尽日月光华。宝器神通无涯，灵性直透千家。

名称：仙桃

石种：马场石

规格：32cm×29cm×18cm

产地：贵州普定

五律

王母蟠桃宴，九天邀众仙。

树栽五百载，花开五百年。

五百年结果，五百年开园。

一枚吃下去，益寿又延年。

名称：奥运圣火
石种：贵州红
规格：31cm×33cm×18cm
产地：贵州普定

北京办奥运，圣火绽春花。
健儿齐努力，金牌第一家。

名称：犀牛望月

石种：贵州墨

规格：56cm×33cm×25cm

产地：贵州罗甸

形神兼备世间稀，举首望月更绝奇。

犀牛乃是兽中宝，变作石翁有天机。

名称：雪鸡

石种：画面石

规格：27cm×22cm×6cm

产地：贵州

忆秦娥

　　雪皑皑，茫茫一片无生机。风又吼，天寒地冻，冷冷凄凄。忽有生灵拔地起，飞来窜去分高低。这正是，风流蕴藉，美哉雪鸡。

名称：雕塑

石种：贵州青

规格：34cm×39cm×25cm

产地：贵州天柱

十六字令（两首）

雕，作者原来有天刀。天工巧，是啥费思考。

雕，作者原来有妙招。形体美，朦胧更为高。

名称：霞韵
石种：贵州红
规格：24cm×35cm×22cm
产地：贵州普定

江南春

　　温如玉，灿若霞。殷紫多意境，青黛足风华。红橙黄绿相辉映，云流虹飞最为佳。

但将绿颜酬佳节，切把清韵送落晖。
古往今来只如此，青山绿水不思归。

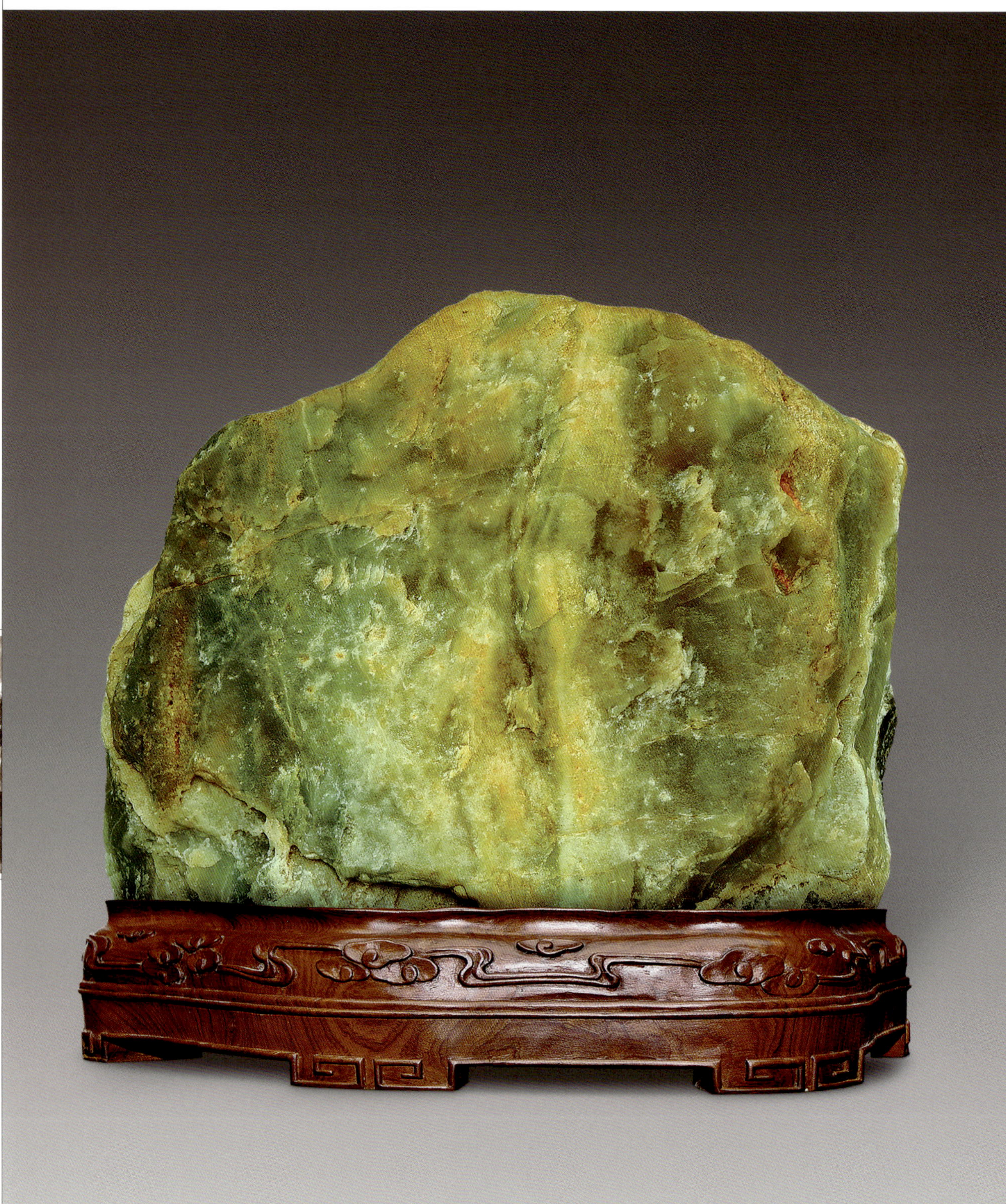

名称：青峰翠微
石种：晴隆玉
规格：21cm×20cm×19cm
产地：贵州晴隆

七律

巍巍青峰雁初飞，呼朋携酒上翠微。
尘世难逢开怀笑，仙境时有酩酊随。
但将绿颜酬佳节，切把清韵送落晖。
古往今来只如此，青山绿水不思归。

名称：银星竹鼠
石种：盘江石
规格：25cm×37cm×14cm
产地：贵州兴义

浣溪沙

　　竹林深处逞英豪，竹根竹笋是佳肴，华东华南任游遨。大号竹䶄竹狸子，憨态可掬个不高，人称竹林小熊猫。

名称：古坛
石种：乌江石
规格：18cm×22cm×5cm
产地：贵州沿河

高高古酒坛，沽客眼馋馋。
快来饮三碗，迷离醉态憨。

名称：天台神韵
石种：贵州青
规格：50cm×39cm×25cm
产地：贵州天柱

七律

欲上青云入九霄，寻幽览胜领风骚。
仰天长啸心怀畅，把酒临风胆气豪。
寓意非凡存古韵，题名别致也新潮。
三分心智三分巧，一步更比一步高。

名称：改写历史的一天

石种：文字石

规格：（八）20cm×15cm×6cm

　　　（一）18cm×17cm×6cm

产地：贵州罗甸

南昌城头响一枪，从此工农有武装。
星星之火燎原后，八一军徽威名扬。

名称：峡谷崇山
石种：贵州墨
规格：58cm×20cm×31cm
产地：贵州罗甸

崇山峻岭势冲天，峡谷深渊在其间。
海拔落差三千米，不进黔山不知巅。

名称：红岩金龙
石种：贵州红
规格：55cm×30cm×24cm
产地：贵州普定

人月圆

　　红岩险峻风光好，壁上金龙绕。藏头露尾，飞腾奋跃，破雾乘风。龙腾盛世，龙文献瑞，龙舞长虹。河清海晏，宏图大展，人寿年丰。

江城子

　　欣逢盛世见龙腾，如流霞，似云行。天地一色，乾坤朗朗明。鳞爪清晰声势壮，点睛笔，更有神。瑞气祥光石中呈，龙之子，民族魂。开天辟地，中华日蒸蒸。文明古国今又是，讲和谐，恤民情。

名称：盛世龙腾
石种：贵州青
规格：100cm×48cm×13cm
产地：贵州天柱

名称：东风初送第一船

石种：盘江石

规格：36cm×14cm×16cm

产地：贵州兴义

七律

浩然正气冲霄汉，惊醒北斗闪闪寒。

骇浪惊涛添豪迈，风叱云咤也缠绵。

长江待君添炽炭，赤壁为君染醉颜。

老将此身经百战，东风初送第一船。

名称：飘
石种：贵州青
规格：74cm×39cm×20cm
产地：贵州天柱

潇湘神

风飘飘，云飘飘，万年石翁也飘飘。
身姿潇洒腾云势，轻歌曼舞乐逍遥。

名称：西游记唐玄奘
石种：龙宫石
规格：22cm×29cm×15cm
产地：贵州安顺

七律

法师出生在大唐，洛州缑氏陈家庄。
俗名陈炜佛缘广，法号玄奘报君王。
西行何惧三千里，东归译经七十章。
玉华圆寂随佛去，白鹿埋骨美名扬。

名称：西游记孙悟空
石种：马场石
规格：23cm×32cm×10cm
产地：贵州普定

浪淘沙

　　酒后闹蟠桃，神哭仙嚎。老君炉里任逍
遥。玉液琼浆皆饮遍，全身打造。五行山难
熬，佛祖慈悲。数百年后唐长老。皈依佛门
入正道，伏魔降妖。

昭君怨

名称：西游记猪悟能
石种：绿龟河石
规格：25cm×24cm×23cm
产地：贵州黔西

悟能生性古怪，曾任天蓬元帅。
只因犯天条，贬下界。
高老庄上娶妇，可恨猴哥拿住。
最终取经归，显神威。

名称：西游记沙悟净

石种：马场石

规格：24cm×31cm×20cm

产地：贵州普定

无题

曾是天宫卷帘将，触犯天条下凡尘。

流沙河里威名振，西天道上皈佛门。

名称：阳崖流韵
石种：贵州红
规格：38cm×43cm×24cm
产地：贵州普定

宝玉珠光色堪夸，朝如彩虹晚如霞。
人间处处是美景，阳崖边上有人家。

名称: 天马行空
石种: 夜郎铜石
规格: 45cm×54cm×40cm
产地: 贵州

扶摇上九重，天马自行空。
独行八万里，无须觅影踪。

名称：古蜀人
石种：盘江石
规格：19cm×37cm×12cm
产地：贵州兴义

三星堆里埋千年，不见光明不见天。
有朝一日蜀中现，今人无不赞古贤。

名称：红崖壁画
石种：贵州红
规格：28cm×23cm×12cm
产地：贵州普定

红崖高高悬，壁画舞翩跹。
修一高阶上，观壁如观仙。

名称：圆石（石缘）
石种：贵州石胆
规格：80cm×50cm×80cm
产地：贵州

世间万事皆是缘，依缘求石屡不鲜。
元章有缘收研山，东坡九华悔千年。

他山之石

长江石

　　是金沙江、岷江、大渡河、青衣江等流域集体创作的产物。长江流域水流量充沛、落差巨大、高山河谷、地质构造复杂，自然形成了一条天然的"奇石加工流水线"。当金沙江、岷江在宜宾汇合进入四川盆地后，江水流速减缓，在川南的丘陵中，长江龙行蛇游，那些从高原上由江水带来，又经过千里流水线"精心加工"过的卵石在沿江两岸沉积下来。从宜宾到重庆，长江两岸大大小小的堤坝，不下百余处，绝大多数在四川境内。长江中的卵石通过河水搬运，浪打沙磨，形成了现在色彩丰富、花纹奇特、图形并茂、品种繁多的长江奇石。青海境内的长江石，产于长江上游等流域。这些长江石多以花岗岩类画面石为主，也有部分象形石和星辰石。

黄河石

　　黄河发源于青海省巴颜喀拉山北麓，海拔4500米的约古宗列盆地，流经青海、四川、甘肃、宁夏、内蒙古、陕西、山西、河南、山东九省（自治区），由山东进入渤海。由于长途穿山越峡，切入崇山峻岭，沿途岩石坠入河道中，经河水的搬运、冲击，形成了许多色彩艳丽、形态动人的黄河石。因黄河流经的区域多，所以在各个河段地区，产出了许多各具特色的黄河石，有青海黄河源石、兰州黄河石、宁夏黄河石、内蒙古黄河石和洛阳黄河石。包揽了火成岩、沉积岩、变质岩、矿物岩等。已发现有收藏价值的黄河石有图案石、象形石、生物化石等四大类，是赏石文化中一个绚丽多姿的大家族。

卷纹石

　　产于红水河广西来宾段，属于成岩水冲石，色泽多为铁黑色，原生态的皱纹似褐黄色线条，苍劲有力，呈不规则状。称皱纹石比称卷纹石似乎更符合这种奇石的本来面目，但称卷纹石比称皱纹石更具美感。

　　来宾卷纹石美在纹理，奇在纹样，其有平纹、凹纹、凸纹、叠纹等。其石表面的皱之美，为古今赏石之最，且石面饱满，石纹似金蛇狂舞变幻，更因其色黑如梦，变幻万千，让赏者与被赏者（石）有"相看两不厌"之感。

绿松石

　　也称松石、瓷松石。属宝石级观赏石，因其形似松球且色泽近似松绿而得名，其英文名称Turquoise，意为土耳其石。但土耳其并不产绿松石，传说是因为古代波斯产的绿松石是经土耳其运抵欧洲而得名。绿松石远在新石器时期就成为人类的饰品，在5000年前埃及皇后的木乃伊手臂上，戴有四只包金绿松石手镯。

　　目前中国绿松石饰品和工艺品，畅销世界各国，均采用湖北十堰竹山县所产绿松石。绿松石是铜和铝的磷酸盐矿物集合体，以不透明的蔚蓝色最具特色，也有淡蓝、蓝绿、浅绿、黄绿、灰绿等色。莫氏硬度5～6度，密度为2.6～2.9，折射率约1.62。在长波紫外光下，可发淡绿到蓝色的荧光，抛光后具柔和的玻璃光泽或蜡状光泽。优质品经抛光后好似上了釉的瓷器，故又称瓷松石。

武陵石

产于湖南武陵山脉的常德、桃源、石门等地。该石为万年水流冲击而成，石质光滑、色泽古朴、造型变化多样。似山水风景、古穴石窟，独具特色，尽显名山大川之风情和神韵。武陵石大多形成于亿万年前，由漫长岁月、地质运动、自然风化、江水冲刷、砂石磨砺、溶蚀而成。

武陵山脉和邻近的湘西雪峰山在前震旦纪时，曾普遍被海水淹没。武陵山脉的西北角，澧水贯穿全境，雪峰山脉地势高峻，南北延伸300多公里，为湘中四水之资水和沅水的分水岭。两大山脉地貌重峦叠嶂，山岭连绵，在沅水、澧水流域的河滩上，奇石蕴藏量极为丰富。

来宾石

产于红水河广西来宾段。红水河从西向东横贯来宾区境，共流经11个乡镇，长达162公里。来宾石形、色、质、纹、声五大要素俱全，给人们以永恒的享受。

据地质专家鉴定，来宾石的原岩距今已有2.5亿～3亿年的历史。早在明朝，来宾石便已列入国家石谱，明清时期是中国古代赏石文化集大成的时期。其中，最具有代表性的明代林有麟所著《素园石谱》中，对来宾石亦有记载。

大化石

又称大化彩玉石，产于广西大化境内的岩滩水电站河段。大化石具有石质坚硬，硅化或玉化程度高；石形奇特，千姿百态；花纹图案，变化无穷；色彩艳丽，赏心悦目等特点。由此可见大化石的风雅、气质、神韵都达到了非凡的境地，它一露面便轰动广西，誉满中华，影响遍及全球。

据地质学家考证：大化石生成于二叠纪，距今约2.6亿年前，属海洋沉积硅质岩。其原岩为火成岩与沉积岩之蚀变硅质岩，石质结构紧密，莫氏硬度6～7度，大化石石肤温润如脂，富有光泽，层理变化有序，纹理清晰而极具韵味。大化石是1997年发现并开发的新石种，是中国赏石文化中的后起之秀。

黄蜡石

又名龙王玉，因其蜡状质感、色感而得名。属矽化岩或砂岩，主要成分为石英，油状蜡质为低温熔解物，莫氏硬度6度左右。由于其所含的矿物不同而产生黄蜡、白蜡、红蜡、绿蜡、彩蜡等。又由于其二氧化硅的纯度不同而分为冻蜡、晶蜡、油蜡、胶蜡、细蜡、粗蜡等。产地以两广为主，尤以产于广东东江、潮州及广西的柳州、贺州、钟山等地的质地最好。其中又以贺州的八步黄蜡，颜色纯正，质地细腻。黄蜡石是岭南赏石界广为收藏的石种，据永安蜡石史料《南越笔记》记载，永安是蜡石古产地，清代初期用永安蜡石制造的鼻烟壶曾作为贡品向朝廷进贡。紫金的黄蜡石品种多，颜色丰富，形状好，自然天成。

风砺石

是一种长期被风沙侵蚀、磨砺而形成的观赏石。一般产于我国大西北的戈壁滩和大沙漠，在这种极其恶劣的气候、地质环境中，昼夜温差大，使岩石长期处在剧烈的热胀冷缩中，从而加大了解离的速度。尤其是高密度、高硅质的岩石，其解离的速度更快。再经年复一年的风沙对岩石打击、磨砺，这实际上等于大自然对岩石进行了全方位的抛光。通过自然之手，岩石表面被打磨得光泽如镜。在此过程中，不同的岩石由于质地不同、重量不同、所受风力不同和风沙运动的不同，而被雕琢成不同形状的外貌，显示出不同的艺术效果。其外貌形态多姿多彩，引人入胜，观赏价值极高。

葡萄玛瑙

是2亿年前海底火山喷发的产物。它们通体色彩斑斓，有红色、铁红、紫色、蓝色及透明等。这些浑然天成的玛瑙小球互相堆积，犹如串串葡萄，因而这种大漠玛瑙就有了葡萄玛瑙的美誉。更为新奇的是，在有些葡萄玛瑙上还会有几颗像鱼眼睛一样的玛瑙珠。

自从1995年人们发现葡萄玛瑙后，这种奇特的石种迅速受到收藏界和赏石界的青睐。目前，葡萄玛瑙只在中蒙边界，苏宏图以北20公里处的一座火山口附近被发现过，它的成分主要是二氧化硅，硬度为莫氏6.5～7度。

孔雀石 [CU_2 [CO_3] $(OH)_2$]

孔雀石因其颜色相似于孔雀尾羽上亮丽的绿色而得名，可炼铜。多以集合体产出，其呈肾状、葡萄状、皮壳状、土状，纤维状集合体，其内部具有放射纤维状及同心层状结构。我国广东阳春石录铜矿是闻名遐迩的孔雀石产地。世界上最著名的铜氧化物标本中，自然首推俄罗斯莫斯科费尔斯曼矿物博物馆里珍藏的蓝铜矿与孔雀石交融的老鼠了：老鼠的形态栩栩如生，甚至连胡须、尾巴都还保存完好，堪称奇迹！著名的俄罗斯圣彼得堡冬宫墙壁上镶贴的孔雀石及宫内的孔雀石大圆柱、大花瓶更是华丽无比、举世无双！

三江彩卵

又名三江石，产于广西北部山区的寻江河，寻江河以出产色彩斑斓的卵石而著称，当地人也称其为彩石河。此河横贯两县，一是桂林的龙胜县，一是柳州的三江县，北属大南山，南归天平山，中部低谷地带即为寻江河主河道，山地海拔均在1000～1800米间，而河谷地带海拔仅150～350米。由于山峦与谷地之间海拔落差较大，故寻江河水流湍急，一泻千里。加上寻江流域雨量充沛，沟谷溪流纵横，水势分流会聚，切割侵蚀作用增强，为卵石资源的生成提供了强大的水动力，也为形成高水洗度卵石提供了得天独厚的条件。

绿泥石

　　指主要为Mg和Fe的矿物种，即斜绿泥石、鲕绿泥石等。绿泥石是火成岩中的镁铁矿物如黑云母、角内石、辉石等在低温热液作用下形成的。绿泥石颜色随含铁量的多少呈深浅不同的绿色，玻璃光泽至无光泽，节理面可呈珍珠光泽，主要是中、低温热液作用，浅变质作用和沉积作用的产物。

　　绿泥石原岩产于大渡河上游的大山中，是绿色玄武岩形成的卵石，它的硬度为莫氏6度，嫩绿色至深绿色，呈粒状、板状、块状。绿泥石质地细润光滑，颜色墨绿，极富雅韵。可分为象形石、画面石、葡萄石、浮萍石、绿釉石等。

菊花石

　　主要产于湖北恩施和湖南浏阳，因花形酷似菊花而得名。在清乾隆时就是贡石，菊花石石雕1951年获巴拿马博览会金奖。现人民大会堂湖南厅、钓鱼台国宾馆、中南海紫光阁、中国工艺美术馆等都有收藏展陈。菊花石质地坚硬，呈青灰色，内有自然形成的白色菊花形结晶体，非常自然美观。菊花石由花蕊和花瓣两部分组成，花蕊是晶粒状矿物集合体，花瓣为长短不等的柱状矿物集合体，形态万千，蔚为大观。经化验证明，菊花石中对人体有益元素如Fe、Zn及Ca、Se含量较高，是藏石爱好者的理想藏品。

灵璧石

　　其主要特征是击之声响如磬，故又名磬石，产于安徽灵璧渔沟镇磬山，是我国传统的观赏石。最早的记载是南唐后主李煜的"研山"，后被北宋石颠米芾所得。苏东坡为得到灵璧石，曾亲自到灵璧张氏园亭为园主撰《灵璧张氏园亭记》，现仍灿然人间。宋徽宗得"灵璧小峰"，御题"山高月小，水落石出"勒于石上。灵璧石曾被清乾隆皇帝御封为"天下第一石"。灵璧石质坚硬，造型高雅，斑驳纵横，尽显沧桑。灵璧古石存世名件寥寥无几，北京故宫博物院和钓鱼台国宾馆等处均有收藏，皆为稀世珍宝。现在灵璧县境内及周边地区的奇石（包括化石）均叫灵璧石，但绝非磬石。

天峨石

　　原名红河石，产自红水河广西天峨段。天峨石的原岩为2.2亿年前三叠纪沉积岩，该地质层沉积岩类型多样，岩浆活动频繁，变化殊异。天峨石的形成与火山活动所形成的基性喷发岩的作用有关。另外，该地质层岩石的蚀变条件也使天峨石变得更加绚丽多姿。红水河对天峨石的形成，也是一个不可忽略的重要因素。再经过千万年的沙琢水雕，使天峨石变得千姿百态，五光十色。花纹奇特，古朴典雅。或凹或凸，自成天趣。版画浮雕，奇异古拙。意境深幽，变化万千。天峨石为天然图文石中的佼佼者。

双调潇湘神

前山绿，后山青。山前山后绿莹莹。
峰岭起伏皆有度，高低凸凹特均匀。
山如瑟，水如琴。如诗如歌山水明。
魂牵梦绕使人醉，醉在浓浓山水情。

名称：山水如画
石种：灵璧石
规格：70cm×25cm×40cm
产地：安徽灵璧

醉江月

　　东临碣石，观沧海茫茫，白浪滔滔。击石拍岸声威壮，誓若摧岩拉礁。惊鸥飞处，三三两两，逐涛也飘飘。秋风萧瑟，天际空阔遥遥。但见巅峦竦峙，怪木丛生，杂草正丰茂。百转盘陀沟壑险，只余夕阳残照。此山之势，引人思绪如潮。更有这，怪石嶙峋，最怕月黑风高。

名称：东海碣石
石种：风砺石
规格：68cm×29cm×45cm
产地：新疆哈密

名称：小熊猫
石种：葡萄玛瑙
规格：30cm×47cm×20cm
产地：内蒙古阿拉善

葡萄玛瑙紫中蓝，千年埋在戈壁滩。
重见天日成国宝，形神兼备不一般。

名称：玲珑
石种：太湖石
规格：32cm×48cm×15cm
产地：广西来宾

乍看灵嵌透，群龙舞星空。
神情流露处，尽在不言中。

名称：芦花鸭
石种：葡萄玛瑙
规格：28cm×17cm×19cm
产地：内蒙古阿拉善

灰羽生芦花，活脱一只鸭。
不入春江水，未尝鱼和虾。

名称：黑山羊
石种：卷纹石
规格：47cm×52cm×23cm
产地：广西来宾

翘首以盼黑山羊，两角卷曲绒毛长。
不吃草来不喝水，照样长得油光光。

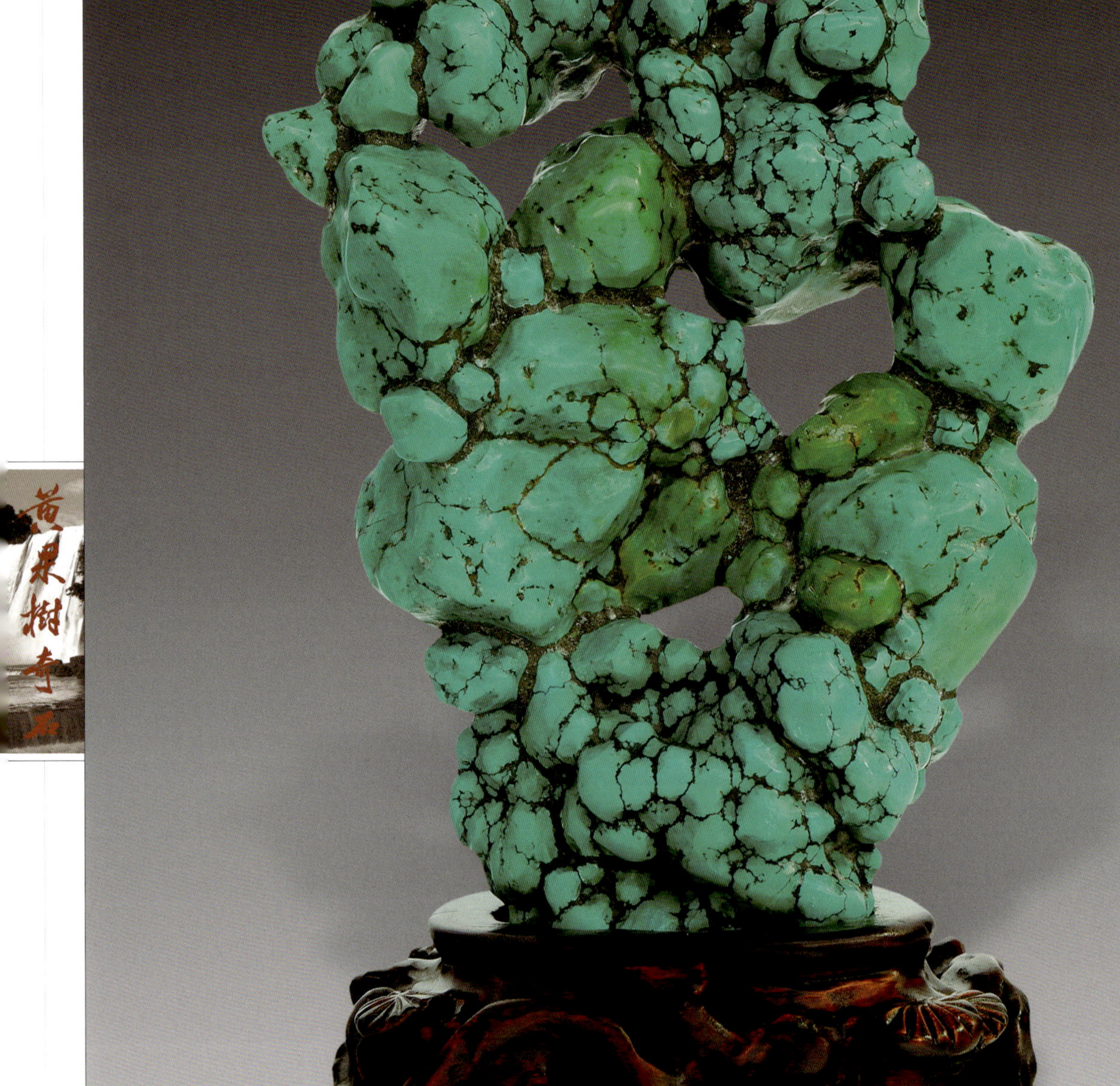

名称：绿松学太
石种：绿松石
规格：21cm×26cm×8cm
产地：湖北十堰

仲山之石

名称：霞客观瀑
石种：天峨石
规格：18cm×26cm×6cm
产地：广西天峨

西江月

　　踏遍千山万水，游尽江北江南。数百年前上黔山，成就一代游仙。惊天瀑声相引，落地银河流连。石中意境妙空前，怎不魂绕梦牵。

名称：龙腾虎跃
石种：灵璧石
规格：73cm×37cm×15cm
产地：安徽灵璧

石有腾龙势，虎跃也翩翩。
游人随心鉴，仁智各秋千。

名称：獬豸献字
石种：云锦石
规格：38cm×22cm×10cm
产地：湖北恩施

虞美人

　　独角獬豸有说道，现身祥光绕。五千年前遇伏羲，传予华夏文字授天机。黄帝有缘曾遇见，盛世千古鉴。尧舜设坛会双獬，名列三皇五帝万代传。

名称：宝岛风情
石种：岛屿石
规格：95cm×36cm×15cm
产地：广西柳州

大海茫茫水连天，宝岛屹立天水间。
烟云缭绕山色秀，别有风情别有天。

名称：泰坦尼克
石种：武陵石
规格：82cm×21cm×23cm
产地：湖南吉首

乘风破浪去远航，亿万奢华声名扬。
暗流冰川寒夜阑，千古遗恨大西洋。

名称：蟠桃
石种：黄蜡石
规格：55cm×53cm×28cm
产地：广西贺州

霜天晓角

　　玉宇琼楼，显仙家风流。王母大会请宴，布祥云，扎彩球。众仙子多劳，献百年蟠桃。切把闲情逸致，品玉液，尝佳肴。

名称：天王洞
石种：来宾石
规格：84cm×63cm×33cm
产地：广西来宾

天生仙人洞，洞上天桥纵。
东西桥上走，南北洞里通。

名称：笑星
石种：黄蜡石
规格：11cm×13cm×7cm
产地：广西贺州

生查子

　　两眼眯成线，嘴似月亮圆。不用开
口唱，人人笑开颜。一笑亿万年，不收
分文钱。若问因何故，只认一个缘。

名称：彩云飞处
石种：彩玉石
规格：24cm×25cm×15cm
产地：新疆和田

忆王孙

　　雪山之巅彩云飞，冉冉红日映朝晖，千回百转不思归。自徘徊，半山红霞半山白。

名称：白骆驼

石种：玛瑙

规格：25cm×17cm×8cm

产地：新疆哈密

此乃白骆驼，家住格尔摩。
品种很珍贵，出入在沙漠。

柳梢青

　　小小鸳鸯，回首顾盼，忽闻花香。新布灰衣，菊花满饰，换了衣裳。收拾打扮前往，赶去池塘会情郎。扭扭捏捏，羞羞答答，慌慌张张。

名称：俏鸳鸯
石种：菊花石
规格：38cm×27cm×10cm
产地：湖北恩施

此鸟爪哇孔，羽毛绿莹莹。百鸟之王
誉美名，锦衣不染尘。善良又美丽，华贵
又聪明。吉祥如意是象征，自古属灵禽。

名称：爪哇孔雀
石种：绿松石
规格：38cm×32cm×12cm
产地：湖北十堰

巫山一段云

名称：鱼龙凌空
石种：来宾石
规格：48cm×47cm×28cm
产地：广西来宾

我本远古一条龙，恐龙叫我老祖宗。
虽是鱼身属龙种，腾身一跃上九重。

名称：石画
石种：三江彩卵
规格：36cm×25cm×20cm
产地：广西三江

如梦令

　　皮润饱满光滑，殷红金黄尤佳。分明一幅画，有山又有崖。堪夸，堪夸，飞禽走兽喧哗。

名称：塞外曲

石种：长江石

规格：23cm×15cm×8cm

产地：四川宜宾

五律

晨昏初熹微，夜暮掩罗帷。

白絮飘洒洒，黑林颤巍巍。

严冬漫漫远，熙春迟迟回。

独木朔风凛，寒鸦乱纷飞。

名称：秋韵
石种：三江彩卵
规格：36cm×31cm×21cm
产地：广西三江

一阵秋风一阵凉，满山金黄映霞光。
石中一派秋气爽，悦目之色似锦黄。

名称：望月怀远
石种：黄河石
规格：21cm×23cm×8cm
产地：河南洛阳

唐·张九龄
海上生明月，天涯共此时。
情人怨遥夜，竟夕起相思。
灭烛怜光满，披衣觉露滋。
不堪盈手赠，还寝梦佳期。

沁园春

　　武林至尊，宝刀屠龙，号令天下。时古城襄阳，巍巍华夏；山河破碎，群雄争霸。郭黄二侠，铸剑抗蒙，强磁玄铁金钢化。设机关，将武穆遗书，秘藏刀把。倚天屠龙一对，令敌首败类闻风怕。惜楚都城破，郭子捐躯；两器俱失，流落天涯。从此中原，血雨腥风，江湖险恶多奸诈。俱往矣，今神物现世，定传佳话。

名称：屠龙刀
石种：风砺石
规格：46cm×15cm×8cm
产地：新疆哈密

名称：陡崖古道
石种：大化石
规格：66cm×20cm×28cm
产地：广西大化

壁陡不可攀，崖下有急湍。
自古一栈道，可以入西川。

名称：打坐参禅
石种：绿泥石
规格：12cm×23cm×10cm
产地：四川乐山

浣溪沙

禅心如水坐莲台，口念阿弥思如来，自律自修自开怀。
但愿苦修成正果，免却六道生死回，极乐世界莲花开。

名称：水墨丹青
石种：灵璧石
规格：15cm×23cm×7cm
产地：安徽灵璧

些许勾描成异景，山峦重叠溪水吟。
云帘雾幔藏幽谷，鸟兽无踪写意深。

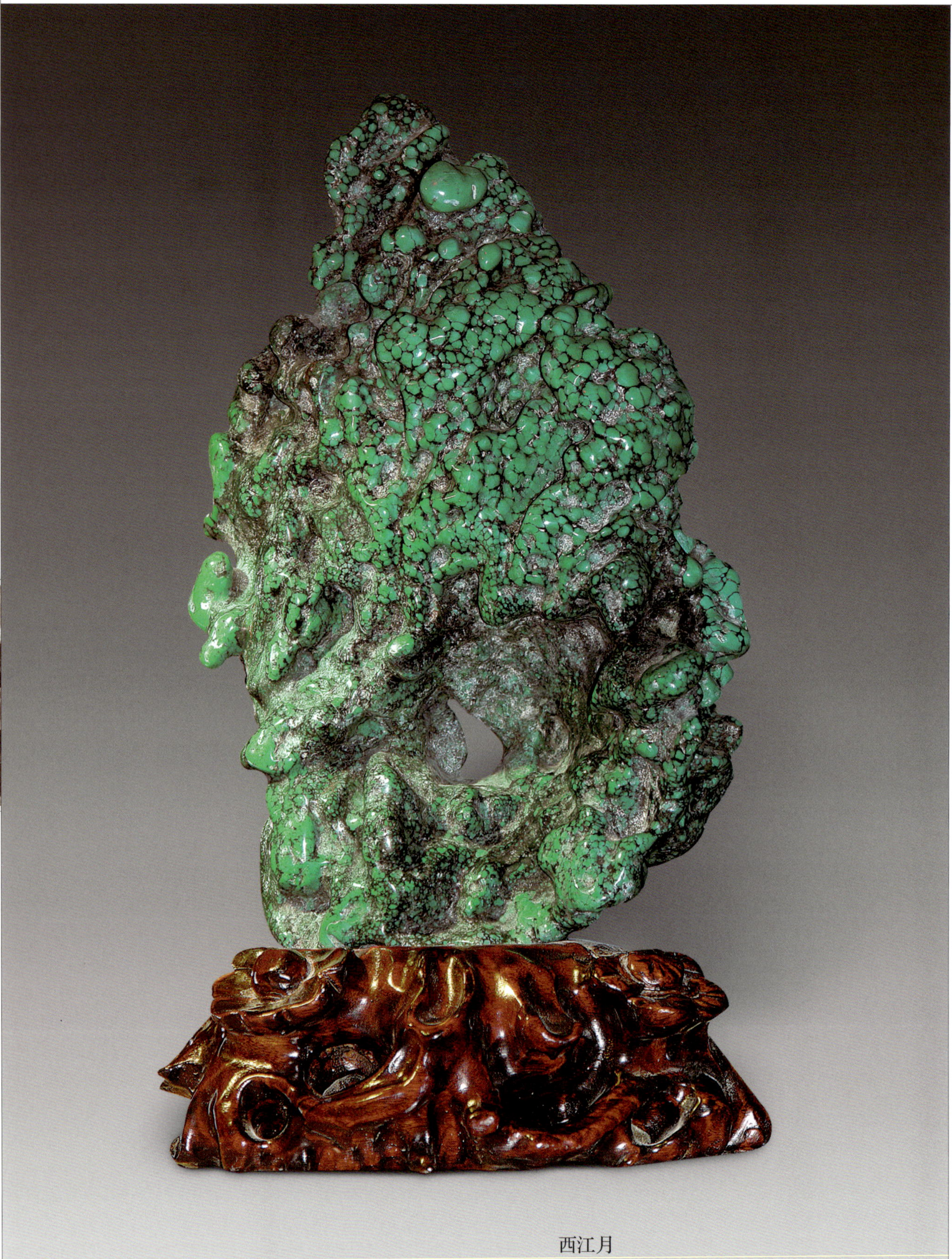

名称：天国将军
石种：绿松石
规格：22cm × 33cm × 13cm
产地：湖北十堰

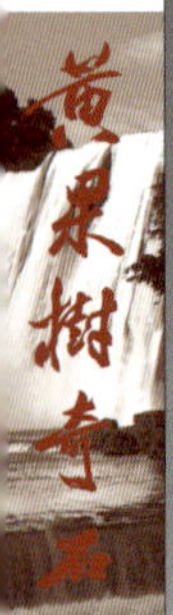

西江月

天国将军绿松，突厥土国珍宝。质为铜铝碳酸盐，浅绿蓝绿为好。帝王将相僧道，以此炫鬻威豪。而今走进百姓家，皆因生活日好。

名称：猴面崖
石种：黄蜡石
规格：33cm×46cm×36cm
产地：广西贺州

崖上猴头栩栩生，崖下一穴自天成。
山形有峰又有岭，石不能言最可人。

念奴娇

　　怪石嶙峋火焰山，从无半点风色。热浪蒸烟高万丈，终年人迹绝灭。西天行者，芭蕉宝扇，未免难澄澈。今遇此石，妙处难与君说。又见磷光闪耀，霓虹反射，疑似一堆血。石坚质硬光透冷，更觉寒气凛冽。沟壑巅峦，变幻无穷，万象尤切切。击掌而呼，真乃人间一绝！

名称：火焰山
石种：风砺石
规格：55cm×31cm×47cm
产地：新疆哈密

庆宫春

　　美幻妙境，琼楼玉宇，瀛洲方丈蓬莱。三神宝岛，千年传诵，引出多少情怀。乐天叹曰，山在虚无缥缈间。绰约仙子，五云祥光，所言非真。紫霞洞杳云深，清音袅袅，凤箫古筝。灵石一块，奇石一座，今日重视蓬瀛。香山居士，长恨歌，生不逢庚。劝君仁赏，细品细幻，神至心生。

名称：蓬莱仙山
石种：黄蜡石
规格：135cm×68cm×56cm
产地：广西贺州

名称：硕果
石种：长江石
规格：49cm×36cm×25cm
产地：四川宜宾

瓜果真硕大，何藤开何花？
要想尝尝鲜，铁齿配铜牙。

名称: 旭日东升
石种: 长江石
规格: 30cm×30cm×28cm
产地: 四川宜宾

巫山一段云

　　茫茫东海上，红日出东方。穿云破雾放霞光，渐渐射重芒。大地披晨装，山川暖洋洋。唤醒人们忙驰骋，再创新辉煌！

名称：灵鹫山
石种：来宾石
规格：42cm×29cm×18cm
产地：广西来宾

采桑子

　　佛门胜地灵鹫山，高山藏湖，
幽谷溪湾，峰峦险峻不可攀。冬观
松柏傲霜雪，秋赏枫岚，夏可避
暑，春花时节更阑珊。

名称：海市蜃楼
石种：武陵石
规格：30cm×21cm×20cm
产地：湖南吉首

传说海市有蜃楼，不用砖瓦不用修。
那楼原本天造化，此楼更是娲神留。

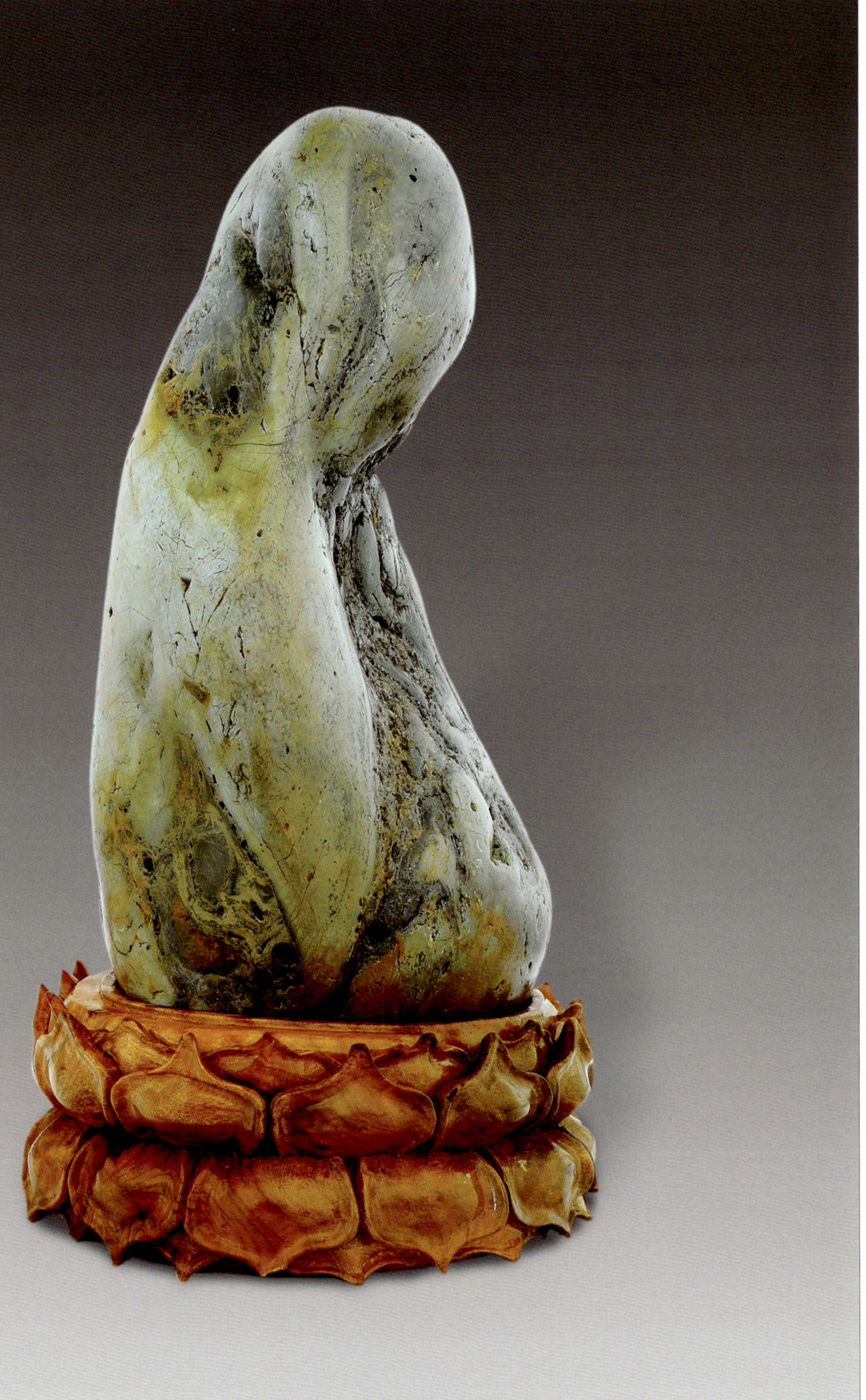

名称：参禅打坐
石种：长江石
规格：19cm×38cm×22cm
产地：四川宜宾

青灯黄卷伴终生，念佛诵经苦修行。
有朝一日成正果，可上西天万里云。

名称：幽谷访友
石种：天峨石
规格：20cm×30cm×8cm
产地：广西天峨

鹧鸪天

　　寻师访友路崎岖，高人雅士幽谷栖。见面一揖哈哈笑，宾主无别话投机。谈五经，说周易，天南地北摆稀奇。佛家道教全不管，要论文章儒第一。

名称：福地洞天
石种：八步花蜡
规格：60cm×42cm×31cm
产地：广西贺州

满山怪石如彩练，层层叠叠眼飞花。
中有一洞通幽处，幻若仙境实堪夸。

名称：敦煌石窟
石种：武陵石
规格：97cm×41cm×69cm
产地：湖南吉首

人月圆

　　丝绸之路千里远，窟室有渊源。印度佛教，先入敦煌，再进中原。东西佛洞，榆林石窟，莫高为先。玉门昌马，肃北五庙，传承千年。

水龙吟

　　中有墨池一潭，群山环抱起烟岚。五色之水，昆仑之顶，黑云滚翻。后主再生，米老转世，见物自惭。看天低四远，江山万里，极变化，更畅酣。
　　此乃盛世研山，更石坚质硬色丹。电痕闪烁，阊门震霆，俱都一般。华盖之峰，方坛月严，玉笋翠峦。正美煞墨客，流连忘返，去心不甘。

名称：盛世研山
石种：来宾石
规格：43cm×13cm×30cm
产地：广西来宾

行香子

　　奇山巍巍，古洞幽幽。西天佛，笃立心头。九曲峦台，纵横壑沟。见山势雄，崖势险，水势悠。盘穴百转，古窟千修。后来人，赏其风流。无限遐想，喜乐哀愁。切自观看，自思幻，自神游。

名称：洞天福地
石种：来宾石
规格：63cm×30cm×31cm
产地：广西来宾

名称：小恐龙
石种：葡萄玛瑙
规格：22cm×17cm×16cm
产地：内蒙古阿拉善

小小幼崽龙，大眼是蓝瞳。
探头看一看，警惕莫放松。

梦幻晶花

重晶石（BaSO$_4$）

　　形成于热液矿脉沉积岩中，温泉周围亦有产出。晶体为板状、棱柱状、纤维状、鸡冠状、蜜枣花状、粒状等。比重达4.3～4.6，在非金属矿产中是最重的，故得名重晶石。重晶石主要用于提取金属钡和钡的化合物及重晶石粉。金属钡与铝、镁、铅、钙制成合金，可用于轴承制造；重晶石粉则用做石油和天然气钻井泥浆加重剂，可加固井壁，防止井喷；由于重晶石具有吸附放射线性能，因而可用做核反应堆屏蔽材料及建设防辐射建筑物（如医院、科研机构防X射线建筑物）的材料。"钡餐"X射线医学检查中，用以调制"钡剂"的原料便是硫酸钡。

石英晶花

　　细晶石英晶花是半透明石英细小晶粒质点按条柱状、片状、网络隔板状形态相互接触、连接生长而成。其形态繁复多样，各具特色，因共生矿物及包裹体的不同，这些晶花可呈现出多种色调，从而提高了其观赏性。由于其硬度很高，便于搬运保存；块体大小均有，有的糕点状石英、片状石英晶簇重达数百公斤，十分壮观，成为各地自然博物馆"新宠"。晴隆曾开采出一件1米见方的大型纯白色片状石英晶簇，名为"高原玫瑰"，堪称稀世珍宝，现收藏于贵州省博物馆。

石膏(CaSO$_4$ · H$_2$O)

　　石膏生成于海水、湖水蒸发浓缩的沉积岩中，常与岩盐共生；其形态有纤维状石膏、卷曲状石膏、雪花状石膏、花瓣状石膏、透石膏、燕尾双晶状石膏等。颜色以白色居多，也时常因致色元素的不同而呈现出多种颜色。

　　石膏的成型性能极好，常被用做房屋内部装饰材料和制作成石膏像、浇铸金银的模等。石膏制作的建筑材料重量轻、强度高、抗震性能好。石膏还被广泛用于化工、食品、陶瓷、水泥制造、医药工业等领域。我们日常吃的豆腐也有用石膏制成的盐卤点成的。以石膏粉做肥料改造碱土，对水稻、玉米、大豆、花生等都能产生明显的增产效果。

斑铜矿

　　又称斑岩型铜矿和铁硫化矿物，含铜量 63.3%，提炼铜的主要原料之一。其高温变体为等轴晶系，称等轴斑铜矿。表面易氧化呈蓝紫斑状的锈色，因而得名。新鲜断面呈暗铜色，金属光泽，莫氏硬度 3 度，比重4.9～5.0。常呈致密块状或分散粒状见于各种类型的铜矿床中，并常与黄铜矿共生。也形成于铜矿床的次生富集带，但不稳定，而被次生辉铜矿和铜蓝置换。中国云南东川等铜矿床中有大量的斑铜矿。世界代表性产地是美国蒙大拿州的比尤特，墨西哥卡纳内阿和智利的丘基卡马塔等。

方解石（calcite）

方解石的主要成分是碳酸钙（$CaCO_3$），见于各种成因的岩石中，是地球表面分布最广的矿石之一，石灰岩、大理石、钟乳石都由方解石构成。方解石与多种矿石共生，其结晶形态多样，单形有数十种，已知的聚形达700余种。方解石通常为白色，玻璃至珍珠光泽，但常被铁、锰、铜、碳等离子染成五颜六色。晶簇状、钟乳状、花朵状、卷曲状的方解石最具观赏价值。无色透明(或浅色）的方解石称作"冰洲石"。冰洲石有极高的双折射率和偏光性能。

沙漠玫瑰

主要成分为含水硫酸钙石膏，由多片板状结晶交叉成花朵状，产在沙漠地区，燕尾双晶复方晶体结构，由于它的形状酷似玫瑰而得名。主要产于美国、墨西哥、摩洛哥、俄罗斯、蒙古等国的沙漠地带，在我国境内的内蒙古地区也有。

沙漠玫瑰的硬度极低，只有莫氏2～3度。沙漠玫瑰又称戈壁石花、风砺石。沙漠玫瑰形成的地理条件特殊，故产量稀少，而其中花形完整的沙漠玫瑰更是凤毛麟角。该石按其生长形态可分单体、联体、枝状、丛状、板块状等，具有很高的观赏价值。

文石

又称霰石，碳酸盐矿物。成分为$CaCO_3$。与方解石等成同质多象，斜方晶系，晶体呈柱状或矛状，常见假六方对称的三连晶，集合体多呈皮壳状、鲕状、豆状、球粒状等。通常呈白色、黄色、茶色，也有蓝色、红色等，玻璃光泽，断口为油脂光泽。文石具不完全的板面节理，贝壳状断口，莫氏硬度3.5～4.5度，比重2.9～3.0。在自然界文石不稳定，常转变为方解石。主要形成于外部作用条件下：产于近代海底沉积或黏土中；石灰岩洞穴中；火山岩的裂隙和气孔中；也有生物成因的，产于某些贝壳中。

萤石（CaF_2）

萤石在紫外线荧光激发下会发出耀眼的荧光；加热后置于暗处也会荧光闪烁，由此得名。

萤石在冶金上用作脱硫、脱磷、去杂质的熔剂；还可制造氟化碳、氟化氢，用于航空和宇航。制造氢氟酸，供制造人造冰晶石用于炼铝工业；"塑料王"聚四氟乙烯耐高温和耐超低温（$-269℃$）、耐腐蚀。大块度无色透明萤石透射红外线和紫外线的能力特强，折射率极低，可制造摄谱仪和无球面像差及色像差的显微物镜、光谱仪棱镜。色彩艳丽、纯净透明的萤石可作玉雕材料，被誉为"软水紫晶"。

我国萤石矿的储量达2亿吨以上，居世界第二位。

褐铁矿

　　俗称七彩石，是主要的铁矿物之一，它是以含水氧化铁为主要成分的褐色天然多矿物混合体。但它的含铁量并不高，是次要的铁矿石。褐铁矿呈多种色调的褐色，一般为钟乳状、葡萄状、致密的或疏松的块状甚至土状，也有像黄铁矿那样的晶体形状（称为假象）。褐铁矿除了能提炼铁外，还可用做颜料。早先人们认为褐铁矿是成分为 $2Fe_2O_3 \cdot 3H_2O$ 的一种独立矿物。但X射线衍射分析表明，它们大部分是隐晶质的针铁矿，可混有纤铁矿、赤铁矿、石英、黏土等。含吸附水及毛管水，成分可变，但基本上为 $FeO(OH) \cdot nH_2O$。物理性质亦可变，但总是呈各种色调的褐色，条痕黄褐色。

黄铁矿（FeS_2）

　　黄铁矿是在岩浆岩、沉积岩、变质岩中都比较常见的副矿物，有立方体、八面体、五角十二面体等晶形，晶面常有条纹；也以块状、粒状、钟乳状、结核状产出。浅黄色，金属光泽，不透明。

　　黄铁矿也称硫铁矿，它金光闪闪，常被误认为金子，因而别名"愚人金"。黄铁矿的化学成分是二硫化铁，但它主要是用来制取硫酸和硫黄而不是用来炼铁。硫酸是现代工业、农业、国防、科技都不可缺少的原料。

辰砂（HgS）

　　辰砂又名朱砂、丹砂，生成于低温热液矿床及温泉或火山活动带，常与水晶、白云石、方解石共生成美不胜收、光彩照人的观赏晶簇。可炼水银，用于制造水银灯、紫外光灯、日光灯、水银真空泵、反光镜、交通信号灯自动控制仪、汞盐、医牙汞膏、水银整流器、温度计、检波器、气压计；汞还用于制造精密铸件、铸模、钚原子反应堆冷却剂；辰砂还是一种名贵中药材，有镇静安神、清心开窍、抑菌消炎、促进康复等功效。但辰砂加热变成水银后却有很大毒性。著名的"辰砂王"（重237克）的产地贵州铜仁万山汞矿，是世界公认的最艳丽夺目的大辰砂晶体的唯一产地。

雄黄(AsS) 雌黄（As_4S_4）

　　雄黄又称"鸡冠石"，是含砷（砒霜）毒的主要矿物，生成于热液矿脉及温泉地带，常和雌黄形影不离地相伴而生。其天然晶簇美艳绝伦。入药有燥湿、杀菌、止痒等功效。砷铅合金可制枪炮弹头；砷铜合金可造汽车和雷达零件；砷可制杀虫剂、除草剂；砷化合物砷化镓等可制发光二极管、激光器、大规模高速集成电路、导航及追踪用检波器等。

　　我国许多地区有端午节喝雄黄酒的习惯，其实雄黄里含的砷会使人中毒。

辉锑矿（Sb_2S_3）

辉锑矿是冶炼金属锑的主要矿物，形成于热液矿脉中，亦有沉积矿床。晶体呈棱柱形，表面有纵纹；也有的呈粒状、致密块状产出。银灰色，金属光泽，不透明。锑的各种化合物用于制造车船蓄电池电极板、化工泵、管材、油箱和油缸内衬、海底电缆屏蔽层、枪弹弹头、耐磨轴承、低熔点焊料、锑半导体材料和热电装置、光控电子开关、太阳能电子材料、整流材料、磁敏组件等。锑的氧化物则用于纺织、玻璃、橡胶、搪瓷、颜料、化工、医药工业等领域。火柴盒的摩擦皮上就涂有三硫化锑或五硫化锑。锑"冷胀热缩"这一特点使它成为极其难得的造型材料，锑的金属互化物铟锑、铝锑和镓锑是极佳的半导体材料。

水晶（Quartz Crystal）

是一种无色透明的石英结晶体矿物。它的主要化学成分是二氧化硅。化学式为SiO_2。水晶呈无色、紫色、黄色、绿色、茶色及烟色等。玻璃光泽，透明至半透明。莫氏硬度7度，性脆，无节理，密度2.56～2.66克/立方厘米，折射率1.544～1.553，几乎不超出此范围。水晶色散0.013，熔点为1713℃。水晶属类宝石石种。对任何宝石来说，颜色都是非常重要的，如粉水晶，颜色以粉红为佳；紫水晶，要求颜色为鲜紫，纯净不发黑；黄水晶，要求颜色不含绿色、柠檬色调，以金橘色为佳。

镜铁矿（MoS_2）

又称辉钼矿，钼的熔点高(2630℃)、强度大、热膨胀系数低、比重小，其合金有很好的弹性和冲击韧性，在现代科技、国防、工业上用于制造飞机构件、火箭发动机、车船耐腐蚀部件、高速切削刃具、军舰甲板、坦克、大炮、火箭、卫星合金构件、超深钻头、半导体及电光源材料、核反应堆结构材料、大口径石油输送管道等。钼的化合物还用做催化剂、润滑剂、染料、涂料等。含钼肥料钼酸铵、钼酸钠、三氧化钼可以提高植物的固氮能力数十至数百倍，促进植物增加抗旱、抗病、抗寒能力，大幅提高农作物产量。

菱镁矿（$MgCO_3$）

菱镁矿可用做提炼金属镁，镁与其他金属化合制成高强度镁合金，用于军工业、航天、航空及精密仪器制造业；镁还用做冶炼钛、锆、铀、铍的还原剂。轻烧菱镁矿和氧化镁或硫酸镁可制造含镁水泥，这种水泥具有高度凝胶性及可塑性，能很好地与有机物胶合，用于装饰、绝热、保温、隔音、耐磨等建材和制造砂轮的黏合剂。此外，在化工、橡胶、造纸、陶瓷、制糖、照相、颜料、纺织业中也多有应用。

名称：龙凤玉柱

石种：石英与蜜枣花状重晶石共生

规格：30cm×68cm×27cm

产地：贵州晴隆

游龙戏凤绕柱梁，家有此物献吉祥。

劝君到此莫空往，面柱一拜保安康。

名称：擎天一柱
石种：辉锑矿晶柱
规格：7cm×27cm×6cm
产地：贵州晴隆

一柱高耸入云天，山魂石魄学古贤。
势在擎天志高远，苍劲挺拔万万年。

名称：以毒攻毒
石种：雄黄晶簇
规格：17cm×16cm×7cm
产地：湖南石门

石红如火，晶簇包裹。
能攻百毒，砒霜属我。

双调如梦令

    群山白絮烂漫，雪压冬林正寒。风起松在吼，
阳照雪不残。美谈，美谈，北国怎比江南。
    原来风平浪静，只是一方石磬。天工造佳境，
引得人入胜。神韵，神韵，真乃三生有幸。

名称：松山雪韵
石种：方解石晶簇
规格：46cm×38cm×15cm
产地：云南文山

卜算子

　　颗颗黄清清，粒粒满盈盈。八
角磷光放异彩，个个亮莹莹。如山
又如岭，似幻又似影。疑是身在神
仙境，处处是美景。

名称：水晶宫
石种：方解石晶簇（石花）
规格：30cm×33cm×19cm
产地：广西

名称：永恒的冰镐
石种：方解石燕尾状双晶晶簇
规格：44cm×34cm×28cm
产地：广西

冰花如箭矢，镐头利无比。
一致齐对外，石头尚如此。

名称：峰顶石兰

石种：方解石晶簇（溶洞晶簇）

规格：38cm×41cm×28cm

产地：广西

捣练子

红艳艳，亮晶晶。眼前一闪耳目新。

峰顶石花开不败，爱慕之情油然生。

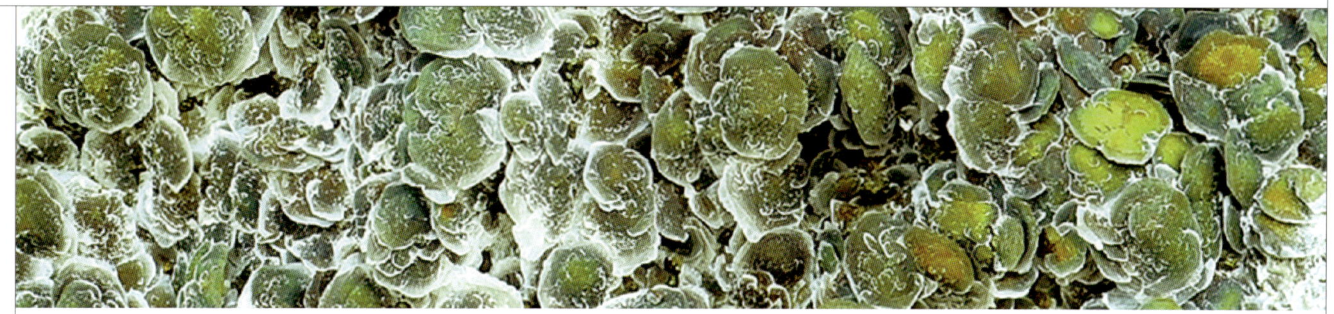

名称：绿叶春晖

石种：层解石与七彩铜共生（斑铜矿）

规格：40cm×38cm×10cm

产地：湖北

春晖映绿叶，栩栩有精神。

如此美妙景，赏者添见闻。

名称：富贵花开
石种：方解石晶簇
规格：25cm×48cm×16cm
产地：湖南

花开富贵串串多，晶光闪闪似银河。
财源滚滚飞流下，一年更比一年活。

名称：锑花闪烁
石种：辉锑矿晶簇
规格：17cm×20cm×12cm
产地：贵州晴隆

江南春

　　光闪闪，亮晶晶。锑花争怒放，天籁静
无声。千古奇卉身姿异，重芒四射意争春。

名称：波斯猫
石种：镜铁矿
规格：28cm×16cm×10cm
产地：湖南

金丝卷毛逗人爱，籍贯一查是老外。
生在波斯波特岛，灵敏乖巧真厉害。

名称：雪狰

石种：雪花状石膏晶簇

规格：43cm×24cm×14cm

产地：贵州晴隆

我乃北极一雪狰，狰獰二字是全名。

冰天雪地司空见，面如虎狼显狰狞。

名称：纵横无涯
石种：片状花瓣状石英（假象）
规格：45cm×31cm×9cm
产地：贵州晴隆

纵横交错一矿花，招展花枝群芳压。
笑看百花开又败，此花一开永无涯。

名称：冰山金花
石种：方解石与黄铁矿共生
规格：58cm×54cm×10cm
产地：湖南

玉蝴蝶

　　粒粒金珠堆砌，疑是玉山倾。皑皑白如雪，点点透晶莹。春花开又谢，秋月暗旋明。此物天上有，一见慰平生。

名称：火树
石种：钟乳状雄黄晶簇
规格：13cm×21cm×12cm
产地：湖南石门

西江月

　　曾闻火树银花，今日方知是啥。无须豆蔻
已风华，前人所述不差。枝杆蒸蒸向上，色彩
形形如霞。大千世界妙无涯，来日定绽奇葩。

名称：金鹏回眸
石种：黄铁矿与水晶晶簇共生
规格：14cm×28cm×19cm
产地：湖南

石形如大鹏，浑身黄澄澄。
意欲腾身去，又恋石人诚。

名称：秀山朝晖

石种：石英、莹石与雪花石膏共生

规格：49cm×29cm×10cm

产地：贵州晴隆

秀山换新装，披露迎朝阳。

大地呈娇色，赤橙蓝红黄。

名称：冰里藏金
石种：层解石与方解晶簇
规格：76cm×48cm×35cm
产地：湖南

远看似冰川，近看光灿灿。
冰雪消融时，方可见金山。

名称：雪岭皓月
石种：方解石晶簇
规格：68cm×41cm×26cm
产地：贵州晴隆

皓月当空雪岭移，素雅高洁堪称奇。
若把此景比西子，淡妆浓抹总相宜。

名称：奇葩山

石种：褐铁矿（七彩石）

规格：25cm×17cm×7cm

产地：贵州晴隆

卜算子

　　满山开奇葩，山岚起烟霞。七彩斑斓亮若星，灿灿云锦崖。眼花看不倦，缭乱更繁华。画意诗情满天飞，直飞梦天涯。

名称：珠玉竞秀
石种：方解石晶簇
规格：72cm×50cm×43cm
产地：云南文山

名称：霞光万丈
石种：方解石晶簇（三氧化二铁致色）
规格：86cm×63cm×39cm
产地：云南文山

满山飞虹满山霞，霞光万丈照千家。
家有此物祥光绕，绕梁之气放光华。

名称：燕尾双晶
石种：燕尾柱状双晶石膏
规格：66cm×88cm×36cm
产地：云南文山

晶柱纵横堆，映日有冷辉。
精修八万载，今朝下翠微。

名称：晶莹剔透
石种：镜铁矿与水晶晶簇共生
规格：18cm×21cm×14cm
产地：湖南

参天之柱水盈盈，龙王殿里也难寻。
晶莹剔透如幻影，灵光闪闪日月新。

清平乐

玫瑰花开，不论春秋夏。茫茫大漠有奇葩，风袭沙砺繁华。枝枝团团个个，累累圆圆颗颗。年年不败不谢，岁岁有花有果。

名称：沙漠玫瑰
石种：绒球状片状石膏（沙漠玫瑰）
规格：81cm×59cm×22cm
产地：俄罗斯

名称：青山枫红
石种：方解石晶簇（三氧化二铁致色）
规格：62cm×50cm×14cm
产地：贵州晴隆

青山处处飘红霞，枫叶红似二月花。
花虽解语还多事，怎比此景美奇佳。

名称：锦鸡

石种：雌黄晶簇

规格：35cm×23cm×19cm

产地：湖南石门

雌黄晶簇状，曾经历沧桑。

外形锦鸡样，举世也无双。

名称：花染巅峦
石种：雄黄与方解石晶簇共生
规格：37cm×26cm×18cm
产地：湖南石门

万峰丛中红几点，必是花仙染巅峦。
山色青蓝春雨沐，似闻流水已潺潺。

名称：红翎玉柱

石种：针状方解石晶簇（三价铁致色）

规格：10cm×33cm×10cm

产地：云南文山

顶天立地站，必是栋梁材。

红翎插玉柱，单等故人来。

名称：天王托塔
石种：文石晶簇与方解石共生
规格：16cm×36cm×12cm
产地：云南文山

单手托塔塔高悬，能震鬼蜮慑神仙。
天兵天将听号令，只缘妖雾舞翩跹。

名称：蓝鸟凤姿
石种：文石（铜离子致色）
规格：45cm×30cm×14cm
产地：云南文山

石呈蓝鸟状，学得凤凰姿。
尊卑不须论，能者便是师。

名称：冰山雪莲
石种：文石与蜜枣花状重晶石共生
规格：68cm×47cm×20cm
产地：云南

皑皑冰山上，雪莲遍地开。
千年开不败，万年不须栽。

名称：绿崖凌风
石种：纤维状方解石
规格：58cm×69cm×33cm
产地：云南

绿崖凌风势，葱茏犹堪夸。
春回大地时，美哉大中华。

名称：晶莹透亮

石种：方解石晶簇

规格：88cm×55cm×19cm

产地：云南

颗颗晶珠串，砌成晶莹山。

造化非人力，天公作美谈。

名称：龙猫
石种：两期方解石
规格：64cm×36cm×13cm
产地：贵州晴隆

卜算子

　　我本美洲鼠，从小学猫语。来到中国改名姓，随了小龙女。浑身光灿灿，也很讲规矩。富婆拿我当宠物，我也以身许。

名称：神龙戏海
石种：卷曲状柱状方解石晶簇
规格：59cm×28cm×25cm
产地：云南文山

翻江倒海齐亢奋，浪滚涛涌踏波行。
翩若仙鹤弄光影，浑似神龙戏海滨。
徙倚彷徨行无定，神光离合乍阳阴。
一曲舞罢难遣性，赏心悦目是知音。

石树不可攀，黄雀挂高杆。
螳螂焉何在？不如问秋蝉。

名称：黄雀在后
石种：文石晶簇
规格：28cm×50cm×19cm
产地：云南文山

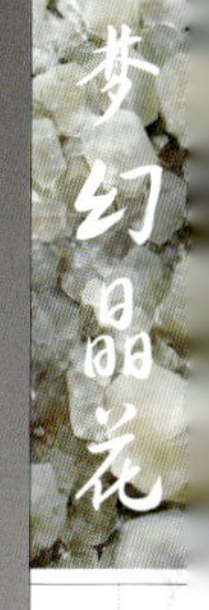

名称：万山红遍
石种：针状方解石晶簇（三价铁致色）
规格：46cm×76cm×23cm
产地：云南文山

好个万山红，果然大不同。
层林朱砂点，可染笔下功。

临江仙

寒食烟消春暮，二月暖气姗姗。舒舒展展水晶兰。花开三两朵，映日舞翩翩。徒倚暗香盈袖，微风轻露。观时休让小儿攀。暑天防热浪，留意倒春寒。

名称：水晶兰
石种：卷曲状石膏
规格：32cm×28cm×26cm
产地：贵州晴隆

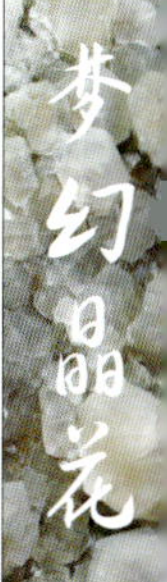

名称：翠微宫

石种：莹石与黄锑矿共生

规格：40cm×36cm×22cm

产地：贵州晴隆

凌凌染紫辉，锑华两相随。

妙境何处有？除非上翠微。

名称：龙口含珠
石种：辰砂与白云石水晶共生
规格：11cm×19cm×18cm
产地：贵州万山

浣溪沙

天公造物果不同，辰砂一粒泛朱红，
不偏不倚龙口中。东君不明其中意，
辜负上苍良苦工，心有灵犀一点通。

名称：白凤鸡
石种：菱镁矿晶簇
规格：28cm×33cm×19cm
产地：江西

此乃白凤鸡，昂首向天啼。
青云若有路，志在上天梯。

名称：晶峰绿恋
石种：绿云母与墨晶共生
规格：47cm×46cm×9cm
产地：湖南

山峦突起草青青，峰添黑晶更有情。
赏者随风入妙境，不负此番山水行。

蝶恋花

　　石中月华花半吐。似透肌香，暗把游人误。尽道花红春含露，欲罢难休回头顾。蕊染飞霞真风度，何必枝头，不沾胭脂垢。东君切莫嫌清素，不惹花仙娇羞怒。

名称：辰砂王
石种：辰砂
重量：单晶重315 g
产地：贵州万山

名称：绿之韵
石种：莹石晶簇
规格：39cm×27cm×17cm
产地：湖南郴州

绿韵使人醉，白云绕山飞。
人类齐感叹，绿色何日归。

名称：晶岗红峦
石种：雄黄与方解石晶簇共生
规格：60cm×44cm×16cm
产地：湖南石门

是谁妙思染红峦，此岭他冈不一般。
不求沟壑巅峰势，只赏朱笔点关山。

名称：翠屏山
石种：钟乳状方解石
规格：60cm×68cm×19cm
产地：云南文山

山体莹明如翠屏，峰峦连绵色如金。
收拾厅堂置中正，可替主人迎客宾。

名称：浮雕壁画
石种：文石晶簇
规格：75cm×94cm×18cm
产地：云南文山

浮雕成壁画，松柏负雪花。
枝干压不断，傲骨实可夸。

名称：百卉争春
石种：卷曲状白色石膏
规格：62cm×65cm×30cm
产地：云南

石上生百卉，争春不停歇。
枝枝争竞状，精神永不灭。

名称：佳韵天成

石种：玫瑰花瓣状石膏（沙漠玫瑰）

规格：67cm×105cm×15cm

产地：俄罗斯

瓣状纵横花似景，山壁高笋满目芯。

天造此石成佳境，原来天公真有情。

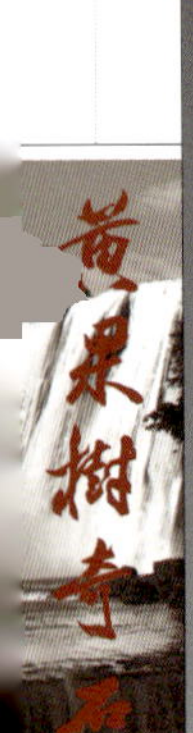

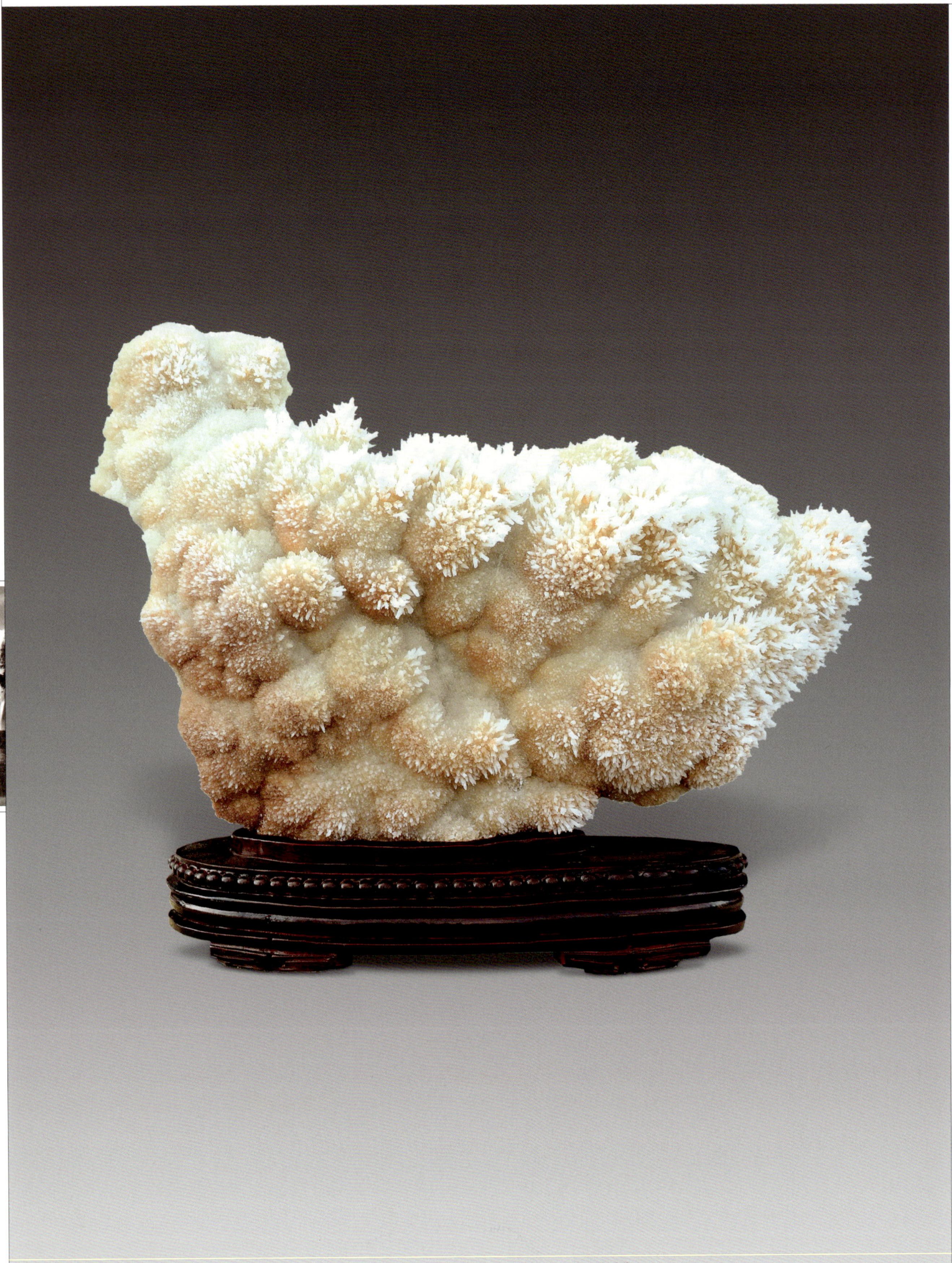

名称：吐绶鸡
石种：文石
规格：82cm×60cm×27cm
产地：云南

玉蝴蝶

扩翅展尾成扇，肉色红变蓝。咕咕连声唤，四处找侣伴。春花又秋月，情期总没完。虽然已驯化，更要忙殖繁。

名称：三圣山
石种：方解石晶簇（溶洞发育）
规格：23cm×25cm×12cm
产地：云南文山

双调南歌子

　　左立大势至，右站观世音。阿弥
陀佛居中行，苦海无边一意度众生。
　　功德光明佛，救世有净瓶。佛祖
清净得善根，西方三圣佛门是至尊。

齐天乐

　　东方神鸟白凤凰，见则喜庆吉祥。箫韶九成，凤凰来仪，百鸟之中封王。翱翔四海，驾祥光瑞云，天下安康。雌凰雄凤，世上才有凤求凰。鸾鸟齐唱，喻鸾凤合鸣，比翼双双。东观汉记，凤高八尺，神鸟体大身庞。京房易传，两翅宽二丈，七彩辉煌。凤凰涅槃，又展新篇章。

名称：百鸟之王
石种：雪花状石膏晶簇
规格：72cm×29cm×28cm
产地：贵州晴隆

名称：扇子岭上石开花
石种：褐铁矿（七彩石）
规格：30cm×20cm×30cm
产地：贵州晴隆

扇子岭上扇子台，千年石笋把花开。
绚丽多彩飘香溢，不知何年何人栽。

名称：金堆玉砌
石种：黄铁矿、水晶石与紫莹石晶簇共生
规格：22cm×28cm×17cm
产地：云南

金块垒成堆，灿灿耀眼辉。
倘若称重量，价格可不菲。

名称：山鸡学凤
石种：丝绢状石膏（绿色为二阶铁致色）
规格：18cm×19cm×12cm
产地：贵州晴隆

尾巴高高翘，胸脯挺笔直。
学得凤凰姿，只待运来时。

名称：石边花
石种：方解石晶簇（溶洞发育）
规格：80cm×40cm×12cm
产地：广西

石花边上绣，花开石上奇。
匠心独具有，慧眼识端倪。

名称：灵山春韵
石种：萤石与方解石晶簇共生
规格：66cm×47cm×36cm
产地：贵州晴隆

山色苍翠绿葱茏，只缘昨夜沐春风。
沟溪河谷黄褐染，一阵春雨一层绿。

名称：洛神赋
石种：卷曲状、柱状方解石晶簇
规格：46cm×58cm×29cm
产地：云南文山

七律

屏翳收风天清明，南冈北峦群仙临。
乘风扬袂飞兔迅，聚仙下凡游川滨。
洛女翔渚仙姿韵，众神戏流把浪分。
立行非常危若稳，轻躯似鹤婉转吟。

远古沧桑

鄂头贝（Stringocephalus）

　　属腕足动物门（Brachiopoda）。腕足动物是具两枚壳瓣的海生底栖固着动物，两枚壳瓣大小不等，每枚壳瓣左右对称，大的壳瓣叫腹壳，小的叫背壳。腹壳的后端有一个孔洞，称肉茎孔，由此伸出肉质的柄，叫肉茎，用以固着底质或挖掘潜穴。

　　鄂头贝呈壳横卵形或卵形，腹壳壳喙高耸、弯曲。腹、背壳近等双凸，最大厚度位于壳后方，中泥盆世。因其形状像鄂（一种凶猛的鹰）的头，故名鄂头贝。

菊石化石

　　菊石是从早期的鹦鹉螺进化而来，在晚古生代和中生代，全世界的海洋里大量生存，到白垩纪末同恐龙一样从地球上消失。在其卷盘的壳子内被许多隔壁分成一些气囊，中有体管将气囊前后连通，菊石居住在最后一个壳囊里。原始的菊石缝合线简单，进化的菊石缝合线复杂。晚古生代的菊石，其缝合线简单，而在中生代的菊石缝合线复杂。菊石是游泳类型的生物，一般生活在50～80米的浅海中。它们壳饰丰富，壳壁较薄，外观优美。

贵州真颌鱼化石

　　贵州盘县新民乡羊圈村，中三叠纪关岭组上段，与盘县混鱼龙化石同层产出的有贵州真颌鱼化石。贵州发现的真颌鱼类的特征比意大利和瑞士边界地区安尼拉丁期和拉丁期早期普罗山头组（Prosanto Formation）所发现的始真颌鱼（Eoeugnathus）进步。因此，有关专家推测当前贵州真颌鱼化石的层位，可能包括从下安尼拉丁期上部到拉丁期下部的一段地层，不是简单的一个化石层，如需确认，尚待进一步深入研究。

藻类化石

　　又称红梅石、红麻子石等，产于贵州普定洪家渡一带，属三叠纪藻类化石。该石上分布许多大小不等的螺旋状红色斑点，有凹有凸，极像梅花；还有团状或网纹状的白色石英脉穿插其间，似祥云瑞雪或缠藤梅枝，栩栩如生，极富观赏性。该石围岩硬度可达5度以上，属钙质岩结构。石形有的凹凸皱襞，凝炼苍古；有的体态丰盈，圆润憨实；也偶有柱状、屏状或空洞。石上每粒斑点都有完整的螺旋状壳圈，自外而内由粗变细，清晰可辨。颜色也有变化，以红点为多，偶有黑点、白点或黄点。围岩颜色一般以锈黄、铁红为多，该石以地埋石为主，偶有水冲石。

剑齿象化石

　　剑齿象是长鼻目真象科剑齿象亚科已灭绝的一属。这一类象的头骨比真象略长，腿也长，上颌的象牙既长且大，向上弯曲，下颌短，没有象牙。颊齿齿冠较低，断面呈屋脊形的齿脊数目逐渐增加，晚期进步的剑齿象，第三臼齿齿脊数多达10条以上。最早的剑齿象出现于中新世晚期，最晚可以生存到晚更新世，它的地理分布仅限于亚洲和非洲。中国的剑齿象化石非常多，种类的数目也比较多，北方最常见的是师氏剑齿象，所谓黄河剑齿象，南方常见的是东方剑齿象。

恐龙蛋化石

　　中国是世界上恐龙蛋化石埋藏最丰富的国家，已有14个省份发现了恐龙蛋化石，其中以河南南阳、湖北十堰的恐龙蛋化石在国际上影响最大。中国是发现恐龙蛋化石较早的国家之一，南阳恐龙蛋化石群分布面积大，埋藏集中。目前已发现的即达数万枚，估计全部埋藏量不下10万枚，其丰富程度举世罕见。其中小的如鸡蛋，大的如饭碗，以扁圆形居多，另外也有形如橄榄球的。这些恐龙蛋化石保存非常完整，基本未遭后期破坏，除少量蛋壳受岩层的挤压表面略有凹陷外，大部分完好如初。大量的恐龙蛋化石群的发现，为古生物、古地质研究提供了极其珍贵的资料。这一发现被国内外科学界称为"世界第九奇迹"，具有划时代的意义。

海藻化石

　　产于贵州安顺，因石上布满密密麻麻、大小不等的螺旋状颗粒，当地人称黑麻子石。经有关专家鉴定，该石围岩属亮晶核状钙质石灰岩，石中圆形或椭圆形颗粒状物质，属三叠纪海藻类化石。就其观赏价值而言，黑麻石与红梅石基本相同，其类型有画屏类、景观类、象形类、抽象类。其中时有半截呈颗粒状，半截呈红线石者；也时有颗粒状为白色者，但较为罕见；当然，颗粒既明显又有空洞者，就更为少见了。在黔中奇石的种类中，红麻石、黑麻石、白麻石号称黔中"三麻"。黑麻石围岩硬度可达5.5度，属钙质岩结构。该石还可作为工艺石雕，其雕琢题材通常为蟾蜍、虎豹、鸟蛇等，作为旅游产品，很受游客青睐。

珊瑚化石

　　产自贵州安顺、普定、紫云，该化石的围岩有硅质和钙质两种。珊瑚化石呈现于石体上的花纹有丛管状、蜂窝状、圆柱状、放射状、雪花状等。也有伴附藻类、贝类、腔肠类和菊石化石的，但围岩多属钙质岩。其品种多为丛管珊瑚、蜂巢珊瑚、凤尾珊瑚、幅环珊瑚、类板星珊瑚、四射珊瑚等。经有关专家研究统计，珊瑚化石在贵州分布较广，紫云猴场的二叠纪珊瑚化石群，代表了南方型（古特提斯）二叠纪早期的珊瑚面貌。中国地质科学院领导下的中国石炭一、二叠纪界线研究队，曾先后在紫云的猴场、普安的龙吟等地区进行了地质调查，采集到较丰富的化石标本。紫云猴场地区的珊瑚经专家鉴定计有14属，25种或亚种，其中有10个新种。

周氏黔鱼龙化石

产自贵州关岭新铺晚三叠纪早期瓦窑组地层中，距今约2.2亿年。它的主要特征是特大的圆形眼眶、极短的颞部和明显的吻，以及密集排列的锥状牙齿。特别值得注意的是，周氏黔鱼龙后肢上的股骨、胫骨和腓骨分别略壮于前肢上的相应结构，这些长骨的形状与三叠纪的鱼龙类更为接近，但绝大多数趾骨已变为圆形或四角钝圆的四边形。周氏黔鱼龙为中小型鱼龙，体长2～3米。

幻龙化石

幻龙是半海生动物，它们可能过着类似现代海豹的生活。幻龙四肢细长有五趾，趾间有蹼，尾巴可能侧扁似现代鳄鱼，颈细长头较大，上下颌有排列如针状的牙齿，捕食鱼类与其他海生动物。幻龙的身体在许多方面类似蛇颈龙，但它们没达到蛇颈龙高度适应水生环境的能力。有些科学家认为部分幻龙演化成了蛇颈龙类，全球目前已发现的幻龙约有13个已命名种，如德国的模式种，荷兰的温特斯韦克幻龙，中国贵州的杨氏幻龙、羊圈幻龙、小吻幻龙等。

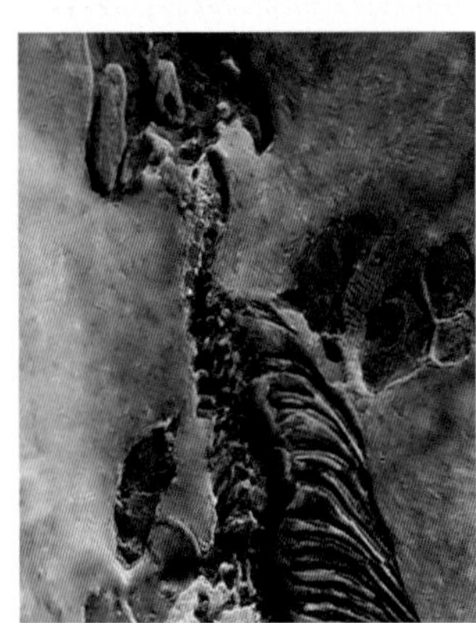

萨斯特鱼龙化石

关岭化石群已查明的鱼龙化石有：周氏黔鱼龙、关岭鱼龙、贵州鱼龙、蔡胡氏典型鱼龙，它们大多属于萨斯特鱼龙类。萨斯特鱼龙科是三叠纪中晚期分布最广泛的鱼龙类，从几米长到十几米的属种都有。萨斯特鱼龙类牙齿是槽生型，背部没有像德国侏罗纪典型鱼龙那样的"鳍"，尾细长也不呈鱼鳍状，在三叠纪最后1000万年里萨斯特鱼龙迅速进化在海洋中，可称得上是当时海洋中的霸王。

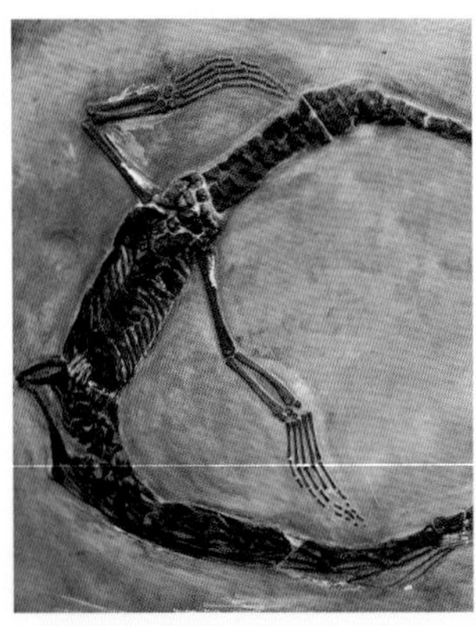

原龙化石

颈椎细长如竹节，又称竹节龙，是中国首次发现的原龙类，它成为研究原龙类及长颈龙科的新线索。原龙是一种海生爬行动物，它的颈部长度超过其躯干。它虽然和欧洲阿尔卑斯发现的长颈龙一样，具有超过身体的长颈，但又有不同的特点，它们分别属于原龙类中两个不同的支系。其长颈是通过什么样的演化机制发展而来，它们在欧洲被发现后的100多年里，这种长颈到底如何运动就成为古脊椎动物学领域争论的热点，也成为一个著名的难题，被称为"生物机械学的噩梦"而没有定论。

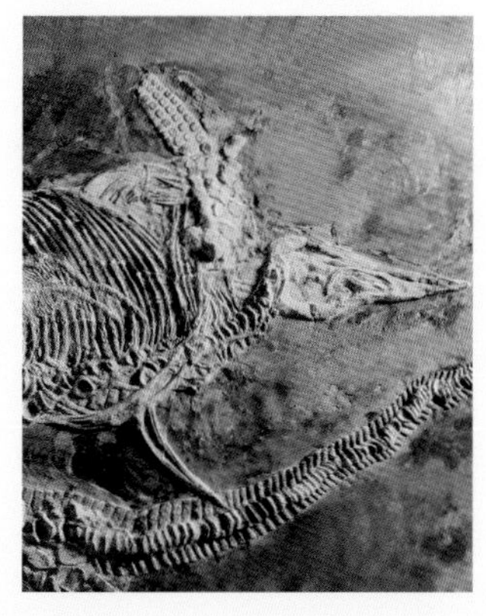

孙氏新铺龙化石

属海龙类，是我国已命名的2属4种海龙之一。海龙类是适应在水中生活的三叠纪海生爬行动物。在关岭化石群被发现之前，海龙类只在北美洲的加拿大、美国及欧洲的瑞士、意大利、奥地利等国有所发现。在关岭发现的海龙类化石，后来通过有关专家收集的同类化石标本研究，确认此类动物为海龙类，故而在2000年更名为孙氏新铺鱼龙。

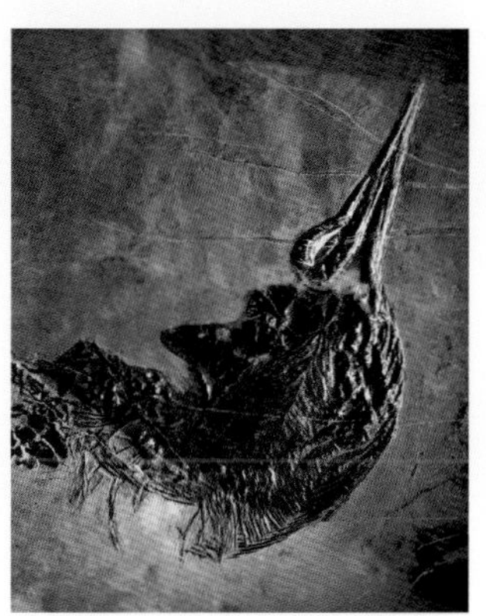

盘县混鱼龙化石

在贵州盘县新民乡羊圈村中三叠纪关岭组上段发现了丰富的海生爬行类古生物化石群，主要发现的是混鱼龙，此外有一些幻龙和原龙类化石，同层产出的还有真颌鱼和龙鱼化石。混鱼龙具有陆生爬行动物和侏罗纪典型鱼龙之间的混合特征，在鱼龙类的进化历史中占有承前启后极其重要的地位。盘县发现的混鱼龙比关岭的鱼龙原始，地质年代较早，为距今2.33亿~2.4亿年，比关岭鱼龙早约500万年，可填补世界上过去对此类化石研究之不足。

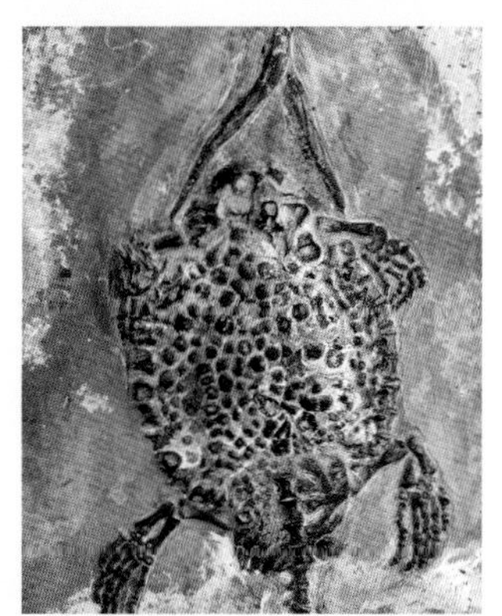

楯齿龙化石

因其牙齿不尖呈块状而得名，是生存于三叠纪的海生爬行动物。一般认为它跟鳍龙超目有关系。楯齿龙身长通常为1~2米，最大型的可达3米以上。它们外表粗厚，背上有骨板，形态类似现代的龟鳖。它们拥有短而强壮的四肢，以贝类、腕足动物为食。因为它们有厚重的骨板，所以它们不浮在水面上，必须利用大量的能量才能抵达水面。从它们厚重的身体与化石发现地的沉积物判断，它们应该生活在浅水中，而非深海动物。

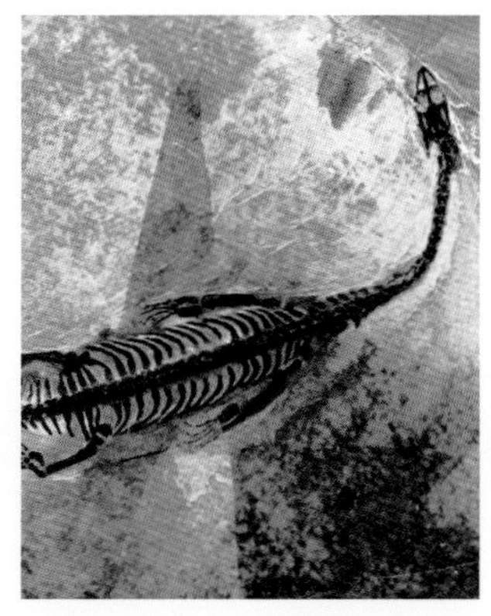

胡氏贵州龙化石

1957年7月，胡承志先生在贵州兴义顶效大寨三叠纪地层中发现小型海生爬行动物化石。经确认，它们属于鳍龙目肿肋龙亚目肿肋龙科的一个新属种，特命名为"胡氏贵州龙"。胡氏贵州龙形如蜥蜴，头小而颈长，嘴颇尖，头部最宽处位于眶后，颈椎20节，背腹椎20节，尾椎约37节。四肢细而有趾，肢骨的尺骨、桡骨、胫骨和腓骨变粗短。另外，贵州龙有尖锐的牙齿，说明它是一种食肉动物，估计以与之共生的鱼、虾等为食。贵州龙的卵在母体内孵化成幼体后再排出体外，这表明它们是卵胎生，其中许多贵州龙化石还与一些幼仔共存。它们不仅有很高的科研价值，而且有很高的观赏价值，因此被众多奇石爱好者钟爱和收藏。

龙鱼化石

　　龙鱼属是鱼类一新种，即云南龙鱼（Saurichth ysyunnanensis sp.nov.）。该种以具有长椭圆形的鳃盖骨、躯干部披六列鳞片为特征与其他种区别。产于云南省罗平县大凹子村中三叠纪安尼期关岭组中。龙鱼属是世界性分布的鱼类化石，最早由Agassiz于1834年创立，其后有多名学者对其进行了研究。其中Stensi对斯卑斯贝尔根(Spitzbergen)三叠纪龙鱼化石的研究，Rieppel对瑞士与意大利交界的（Monte San Giorgio）山一带和中国三叠纪安尼期关岭组中均有研究。

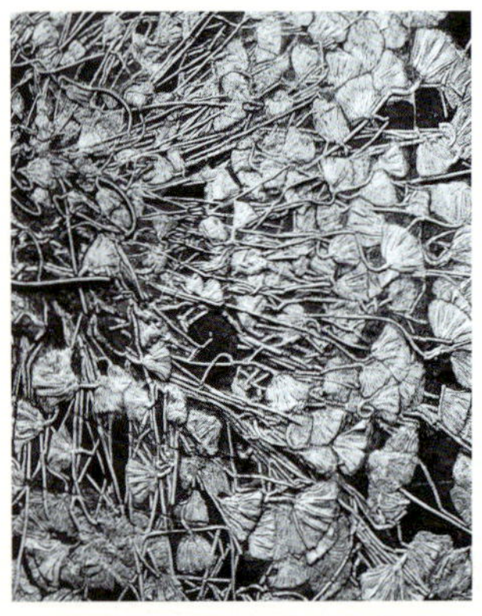

许氏创孔海百合化石

　　棘皮动物门，海百合纲的一属。冠长，上宽下窄，萼部小花状，内底板、底板、辐板各5块，10个一级腕板及一些间腕板，未见肛板。三级腕20个，双列，内侧分枝，有羽枝，在分枝处着生瘤或小刺，茎圆无蔓枝，茎中央孔圆而小，节面上有放射小沟。生存年代二叠纪至三叠纪，发现地贵州关岭新铺。许氏创孔海百合化石，是为纪念1944年在贵州不幸遇难的著名古生物研究家许德佑和他的两名助手而命名的。这些为此献出生命的科学家当时并没想到，就在他们发现的背后其实还隐藏着一个足以让世界震惊的古生物化石群。

石燕化石

　　略呈肾脏形而扁，长2～3厘米，宽1.5～4厘米，表面青灰色至土棕色，两面中央隆起，具银杏叶般的纹理。其中一面在隆起的中部有一纵沟，一端较细向另一端展开，细端向下弯曲做鸟啄状，在其下面亦有一条横沟通向两侧。　石燕是距今3.5亿年下石炭纪腕足动物门石燕贝目的海洋生物化石，比恐龙还早1.5亿年。它的贝体大，两壳呈双凸型，壳喙尖锐弯曲，壳面饰有两分叉或三分叉的壳线，并有细密的壳纹。古人有"天将雨而商羊舞，风欲起而石燕飞"的诗词传世。

关岭创孔海百合化石

　　海百合属棘皮动物门，海百合亚门，海百合纲，因外形酷似百合花而得名。海百合由根、茎、萼和腕四部分组成，萼和腕合起来称为冠，茎的近端支持着冠，远端有"根"状的浮泡，有固着海底和浮游生活的功能。海百合始于奥陶纪早期，并逐渐占据海洋的各个生态位，直至现代仍很繁盛。关岭化石群保存如此完整的海百合化石在全世界极为罕见。关岭海百合数量也十分丰富，但其属种极为单调，目前发现萼大茎粗的统属"关岭创孔海百合"。长期以来，古生物学家多认为海百合是典型的浅海底栖生物。但有关专家对关岭化石群研究发现，有可能海百合通过根部所长出的蔓枝状的浮泡营浮游的生活方式，或附着于其他物体上漂浮。

　　贵州是一块神秘的土地，古地质学表明，2亿多万年前贵州属南盘江海。晚古生代三叠纪，滇、黔、桂和越南北部有南盘江海长期发育。北面为扬子陆块，西南有越北陆块，东南有云开陆块和大明山微陆块。南盘江海分为北部的田林海盆，南部的钦防海盆和中部的八布洋盆。早泥盆纪晚期，南盘江海的张扩，可能是冈瓦纳板块反时针旋转、扬子陆块北移，使其间滇、桂至越北地块裂解的结果。进一步的海底扩张导致早石炭纪时八布洋盆出现洋扩，南盘江海成为南北超过20个纬度的小海洋。古地理再造表明，晚二叠纪云开陆块的北移，与大明山微陆块碰撞，早三叠纪印支陆块北移和越北陆块会聚。晚二叠纪至中三叠纪，南盘江海南缘出现活动陆缘。晚三叠纪印支至越北陆块与扬子陆块会聚，使南盘江海闭合成为内海。

　　1944年春，两个学者模样的人带着几个挑夫行进在贵州盘县至关岭的山路上，他们正为自己的发现激动着。他们之中谁也未曾想到，一场灭顶之灾正悄悄向他们袭来。突然，一群土匪拦住了他们，几个挑夫也摇身一变露出了狰狞的面目。当匪徒发现他们的行囊中除了几块烂石块外，所携并无财物便将其杀害。其中就有当时著名的古生物研究家许德佑和他的两名助手，这几块石板就是距今2亿多万年前的海百合化石。1998年秋，距此事件50多年后，中科院宜昌地调所地质学家陈孝红在奇石市场上无意中发现一块形状奇特的化石，化石显示的是一只史前动物的头部，原来这是一种珍稀至极的海龙类化石，是早于恐龙之前2500万年就已经称霸海洋的巨型怪兽鱼龙，它们出现在贵州一个名叫关岭的地方。

　　关岭是一个典型的山区，地质状况大致属于三叠纪时期，那是一个恰好在人们熟悉的侏罗纪之前的时期。专家们在农民挖剩的乱石坑里发现了菊石，这是一种在地质学界早有定论的化石，只要有它的出现，就能证明其所属地质层应该是三叠纪晚期。地球上曾经历过无数次生物灭绝事件，而晚三叠纪期间恰好就有过一次中型生物灭绝事件。如此众多的鱼龙化石在关岭发现，会不会正是那一次灭绝事件的结果呢？而接下来还挖出了大量和鱼龙相似的海生爬行动物，比如形体稍小的海龙、长相酷似乌龟的楯齿龙等。从挖掘的化石来看，这里显然并不仅仅是一个埋葬鱼龙的坟场，而是一个史前生物大灭绝的现场。

　　鱼龙属深海动物，海百合属浅海动物。古地质表明关岭属南盘江海北部浅海区域，为什么会在浅海区域发现如此众多的深海动物呢？项目负责人陈孝红把最引人注目的鱼龙作为重点研究对象。按照古生物形态结构的理论，水生动物在演化过程中，经历了尾部变长、变扁的自然趋势。那么关岭鱼龙的尾部应该比较扁，但眼前的鱼龙尾部却都是圆的。陈孝红不禁有了一个大胆的猜测，尾部会不会正好说明关岭鱼龙的进化没有最适生存的条件，而这又会不会与它的灭绝有一定关联呢？出人意料的是，研究结果却恰恰相反。

　　陈孝红开始对鱼龙身体的各个部位进行详细分解研究，特别是鱼龙椭圆形的眼眶，直径占了头骨的16.9%，而组成眼眶的泪骨和前后额骨都非常发达。这是一双在黑暗的深海也能正常觅食的眼睛，单凭这样一双眼睛足以证明，关岭鱼龙和世界上其他鱼龙一样都应该是生活在深海的。一种深海动物为什么趋之若鹜地奔赴关岭这个浅海区域，最终直到灭绝也不愿离去呢？根据对鱼龙骨骼的分析，关岭鱼龙腹部两侧有蹼，而背部却没有鳍。而对于水生动物来说，背上没有鳍显然不利于在水下保持身体的平衡。而关岭鱼龙普遍身形巨大，尾部长度几乎占了整个身长的1／2，尽管这并不是一种能在游动中占优势的形体，但也没有迹象表明，它们已经达到了不适应生存的地步。

　　此时，他们又发现挖掘现场有许多黑色岩层，这样的黑色岩层是否就代表着那种特殊环境呢？经过对黑色岩层进行碳氧同位素测试，结果表明其中有机碳含量极高，这是缺氧的特殊环境条件造成的结果，而缺氧的环境是保存娇嫩生物的最佳场所。南盘江海为什么会缺氧？缺氧是否造成关岭生物群灭绝？很快破绽出现了。专家们发现海百合是附着在树干上在海里漂浮生长的，如果说海水缺氧能促使那些生活在海底的生物丧失生存环境，那么，像海百合这样始终漂浮在海面的生物又怎么可能因缺氧而死呢？陈孝红又想起关岭有一处特殊的地层构造，这个地层和普通地层明显不同，它出现了严重倾斜，这是典型的海退现象在地层上的反映。古地质学的板块运动学表明，从晚古生代到三叠纪，滇、黔、桂三省（区）和越南北部有南盘江海长期发育，关岭正处在南盘江海的北部。经过千万年的板块运动，进入晚三叠纪时南盘江海成为内海，关岭海域终于成为一个局部海盆。

　　最终，专家们作出结论：远古的关岭是一个地处亚热带气候的海域，宜人的气候与丰富的食物把原本生活在深海区域的鱼龙吸引到了这里。然而，由于地质板块运动与全球性大海退，位于南盘江海北部海域的关岭渐渐演变为一个局限海域，来不及返回深海的鱼龙只好留在这里生活。这样的日子也许持续了几百万年，但各种生物越来越繁盛。随着生物的无限增多，海水中的氧越来越稀薄，一些底层生物开始渐渐死去。没有人能够想象在这样的自然环境下，关岭的生物们还能坚持多久。此时，它们别无选择，最终只能接受这灭顶之灾！

名称：海豹

石种：鹗头贝化石

规格：47cm×32cm×25cm

产地：广西

此乃一海豹，身下有惊涛。
举首岸边探，是否有猎枭？

名称：梅山春韵
石种：藻类化石
规格：120cm×56cm×36cm
产地：贵州普定

霜天晓角

　　山色彤彤，千峦点点红。若遇夜雨轻风，如新洗，韵更浓。傲雪几从容，迎春郁葱葱。待到山花烂漫，你争春，我朦胧。

名称：鹗头贝

石种：鹗头贝化石

规格：28cm×60cm×18cm

产地：广西

圆圆扁扁如鹗头，尖尖小嘴头带钩。
生在海底有壳瓣，水中行游胜小舟。

名称：咏梅
石种：藻类化石
规格：42cm×72cm×14cm
产地：贵州普定

梅开万点红，枝干纵横通。
石有梅花韵，妙笔是天工。

名称：刺猬
石种：珊瑚化石
规格：47cm×32cm×25cm
产地：贵州紫云

生查子

　　眼圆视力好，嘴尖牙锋利。昼伏夜贼行，为的是生计。遇敌刺一竖，腹内可充气。圆圆一刺球，看你能咋地？

名称：石林
石种：丛管珊瑚化石
规格：39cm×35cm×13cm
产地：贵州盘县

怪石如林满山冈，个个挺立比短长。
天下石林千千万，唯有此林世无双。

名称：玳瑁
石种：珊瑚化石
规格：26cm×14cm×18cm
产地：贵州花溪

玳瑁一身红，深陷宦海中。
如今多自在，偶尔露行踪。

名称：雁翎山
石种：珊瑚化石
规格：49cm×32cm×20cm
产地：贵州普定

眼前巍巍一座山，为何雁翎把山环？
旭日一起光闪闪，原来岩上满瑚珊。

名称：猫头鹰
石种：珊瑚化石
规格：28cm×31cm×30cm
产地：贵州普定

少年游

　　形如一只猫头鹰，羽翼切切真。虽是背影，首尾呼应，栩栩如生。黄狼鼠辈逃无踪，宵小莫高声。将尔拿住，吞皮食肉，碎骨粉身。

名称：象鼻

石种：藻类化石

规格：32cm×58cm×21cm

产地：贵州安顺

正面一象鼻，大耳两边齐。

整体山峦势，问君奇不奇？

名称：海螺
石种：菊石化石
规格：30cm×30cm×10cm
产地：摩洛哥

祖上鹦鹉螺，来至摩洛哥。
几经沧桑过，存世也不多。

名称：龙冢疑云
石种：恐龙蛋化石
规格：100cm×25cm×60cm
产地：湖北十堰

西江月

　　欧洲亚洲非洲，大漠山川河流。中生代时逞风流，而今成了石头。南阳十堰阳楼，西峡盆地山丘。任你挖来任你搜，龙冢疑云依旧。

名称：大鹏金翅鸟
石种：藻类化石
规格：115cm×74cm×21cm
产地：贵州普定

少年游

　　大鹏金翅起北溟，以神化其身。如云之翼，如山之形，河晏海清。扶摇直上九万里，动则撼风云。莺鸠仰笑，展翅飞天，壮志凌空。

名称：宠物
石种：海绵化石
规格：90cm×40cm×20cm
产地：贵州紫云

小狗黑白花，乖巧人人夸。
除了不会叫，动感有章法。

名称：汉武大帝
石种：藻类化石
规格：62cm×86cm×20cm
产地：贵州普定

巫山一段云

　　皇冠高高耸，竖领脑后翘。西汉刘彻
是天骄，登基在年少。独尊儒家术，罢黜
黄老道。抗击匈奴收河套，大汉扬国号。

名称：石人送宝
石种：珊瑚化石
规格：14cm×30cm×7cm
产地：贵州紫云

石形一老翁，背上八宝童。
宝童金灿灿，石人灰蒙蒙。

名称：珊瑚礁
石种：珊瑚化石
规格：22cm×30cm×12cm
产地：贵州紫云

我本是化石，并非珊瑚礁。
我有亿万年，谁能比年高。

名称：单峰驼
石种：珊瑚化石
规格：24cm×18cm×14cm
产地：贵州紫云

此乃单峰驼，生长在沙漠。
腿比骆驼长，速度快得多。

名称：黄台古穴
石种：珊瑚化石
规格：35cm×23cm×20cm
产地：贵州普定

高高黄台下，幽然一古穴。
石门开启日，定有旷世绝。

名称：唇亡齿寒
石种：剑齿象化石
规格：22cm×12cm×10cm
产地：云南昭通

相思引

　　唇齿偶也两相欺，生生死死不分离。唇齿相依，牢记在心里。大能比喻国与国，小能说到人与己。唇亡齿寒，才是硬道理。

名称：老中青
石种：剑齿象牙齿化石
规格：（大）24cm×9cm×10cm
　　　（中）14cm×7cm×4cm
　　　（小）6cm×5cm×2.5cm
产地：云南昭通

大齿年高象，二齿正壮年。
小齿为乳牙，收齐极为鲜。

名称：太古牛角
石种：牛角化石
规格：74cm×36cm
产地：吉林

太古牛角世间稀，完好无缺更为奇。
若非天意石缘到，隔世之物怎的齐。

名称：万点红梅
石种：藻类化石
规格：65cm×76cm×10cm
产地：贵州普定

石上梅花开，定是仙人栽。
不需水和土，万年开不衰。

名称：济公岭
石种：海藻化石
规格：52cm×72cm×8cm
产地：贵州安顺

此石如山状，还有济公样。
帽儿两头翘，又把大口张。

名称：椰林春晓

石种：海百合化石

规格：（左）200cm×180cm

　　　（右）124cm×83cm

产地：贵州关岭

名称：椰林春晓
石种：海百合化石
规格：（左）200cm×180cm
　　　（右）124cm×83cm
产地：贵州关岭

夜露椰林湿，晓风轻、花明草润，燕飞莺集。晨光唤醒南国地，几多艳香娇色。林深处、葱葱翠碧。旭日腾腾春欲醉，此意境、庸人怎能识。更深处，如歌泣。天雕石画亿年余，娇小身躯何栩栩，其美不移。想离去不忍一别，作轻歌新词伫立。赏不尽、天工妙笔。倚尽黄昏独无去，望江南游人归情急。心付与，诗笺迹。

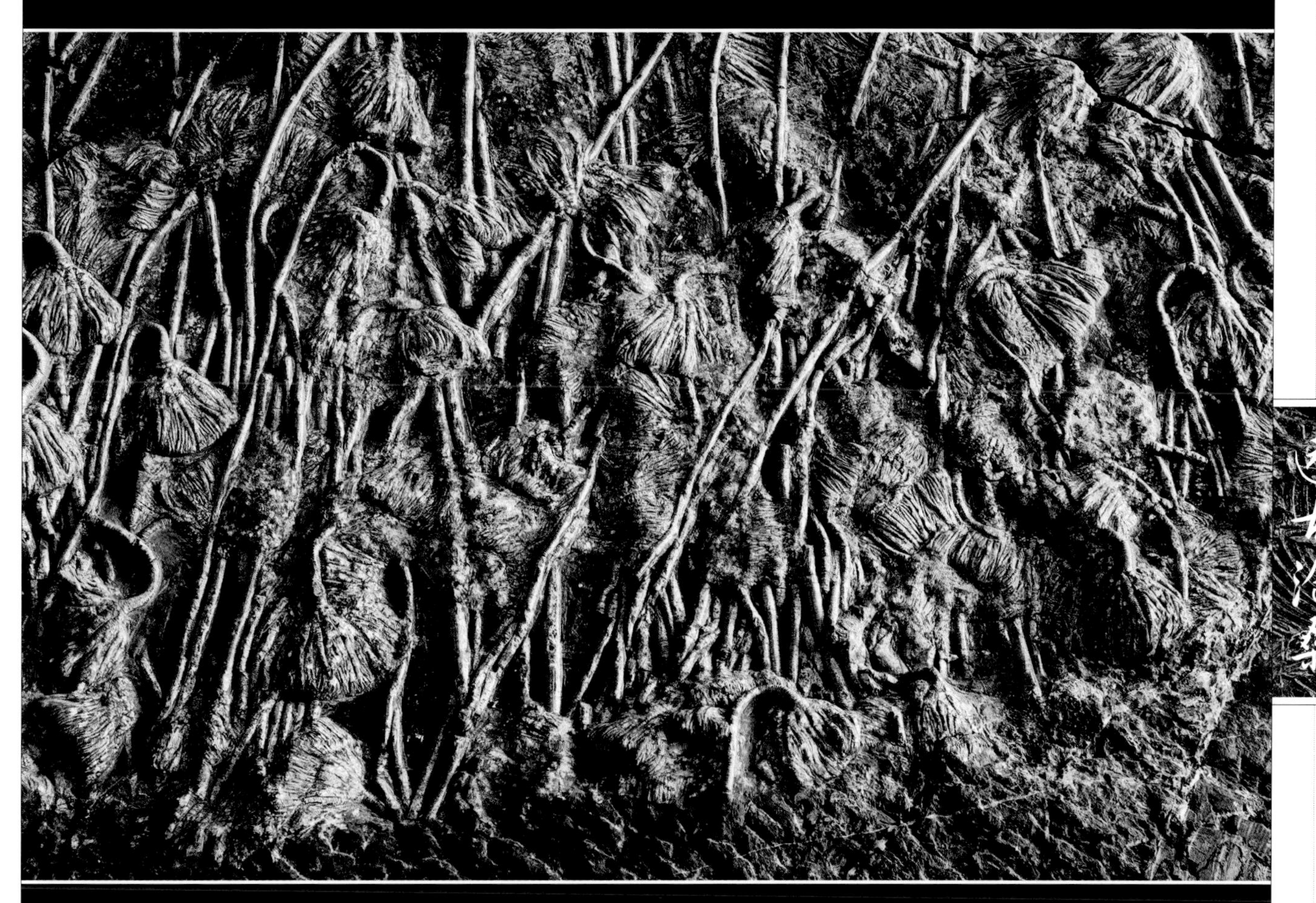

贺新郎

　　夜露椰林湿，晓风轻、花明草润，燕飞莺集。晨光唤醒南国地，几多艳香娇色。林深处、葱葱翠碧。旭日腾腾春欲醉，此意境、庸人怎能识。更深处，如歌泣。天雕石画亿年余，娇小身躯何栩栩，其美不移。想离去不忍一别，作轻歌新词伫立。赏不尽、天工妙笔。倚尽黄昏独无去，望江南游人归情急。心付与，诗笺迹。

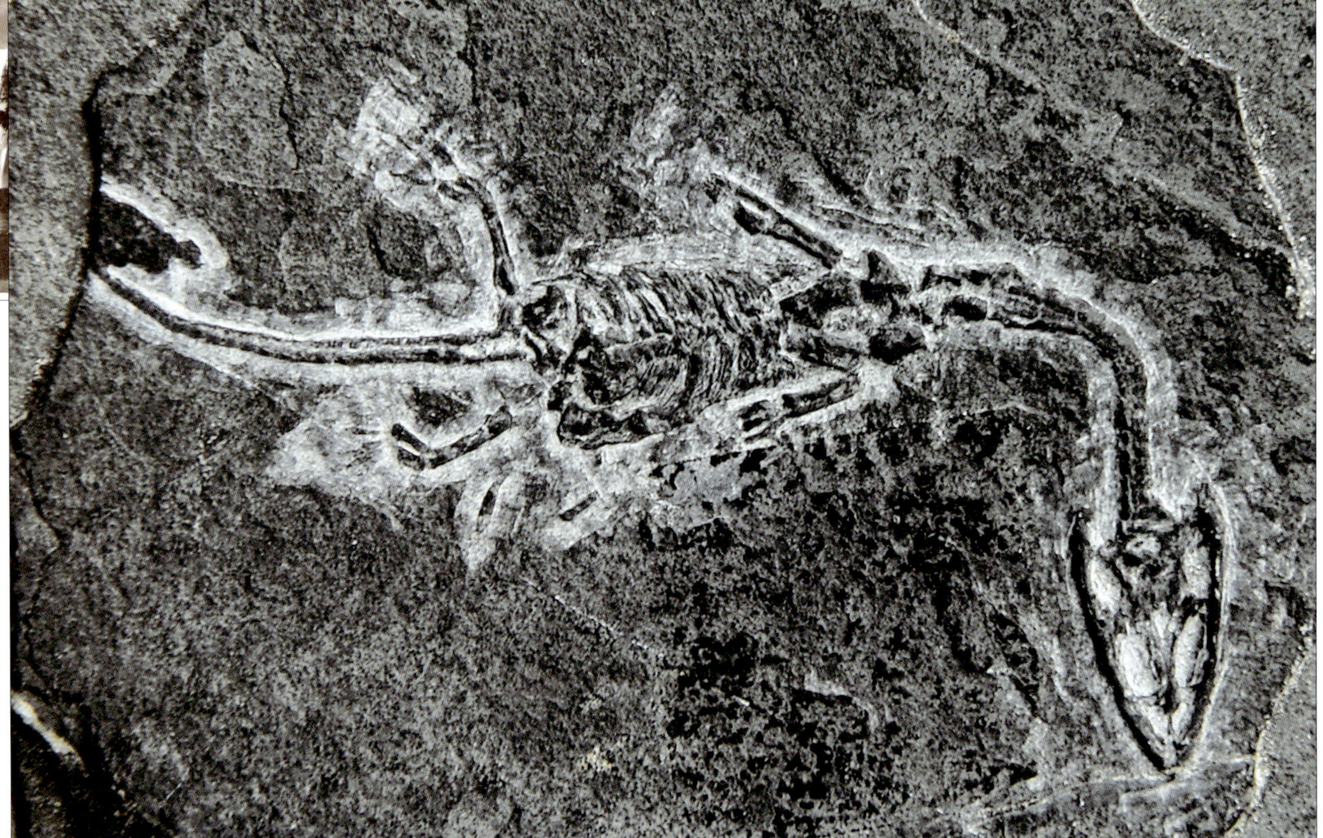

名称：贵州龙

石种：胡氏贵州龙化石

规格：18cm×32cm

产地：贵州兴义

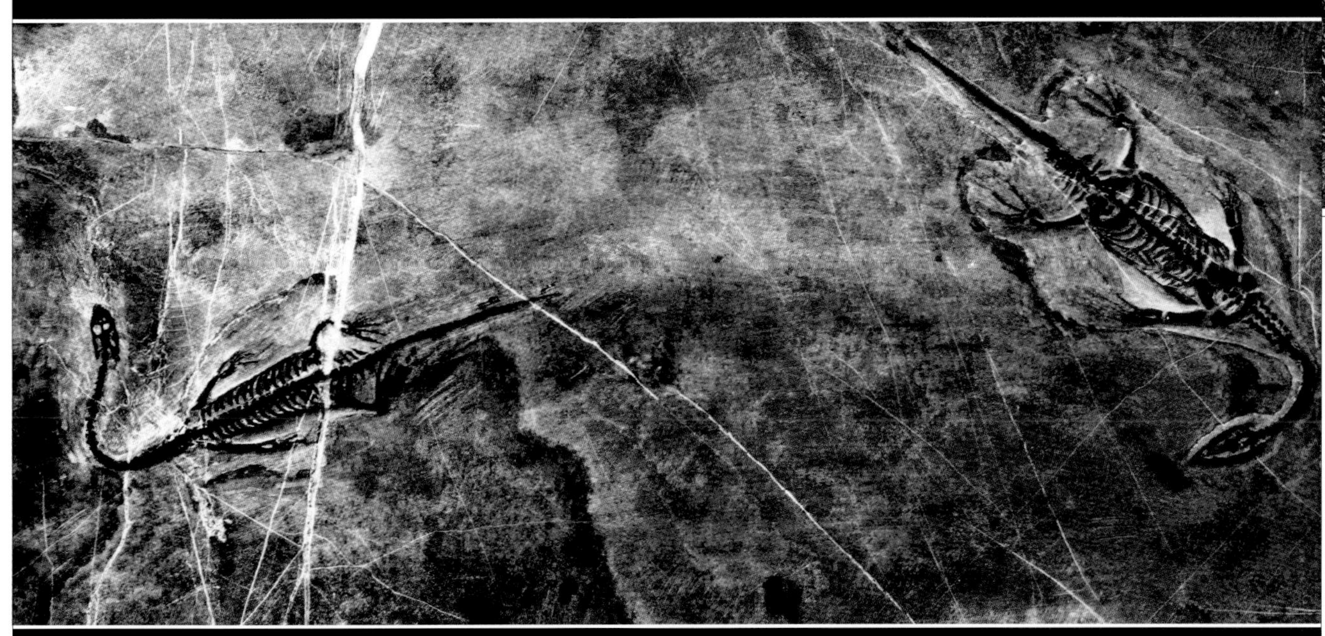

八声甘州

　　三叠纪，西南成泽国，全球大海归。有四足精灵，形如蜥蜴，东奔西追。头颈细长似蛇，匍匐又如龟。若问是何物，似是而非。此系龙种一堆，有尖牙利齿，大眼生辉。任陆攻水战，抖一抖神威。阔骇浪惊涛千丈，它本是当年水上飞。潇洒时、长尾当舵，细颈当桅。

名称：楯齿龙
石种：楯齿龙化石
规格：（左）50cm×90cm
　　　（右）90cm×170cm
产地：贵州关岭

瑞鹤仙

　　似龟不是龟，齿龙类，唤其龟龙误。牙齿呈块状，平生不好动，行踪孤鹜。四肢强壮，项如蛇、水陆两住。食软体腕足贝类，属蛇颈鳍龙目。

　　回顾三叠纪时，南盘江海，无忧无虑。沧海桑田，天也翻，地也覆。正睡眼蒙眬，糊里糊涂，不知压在何处。叹今朝已成化石，万劫不复。

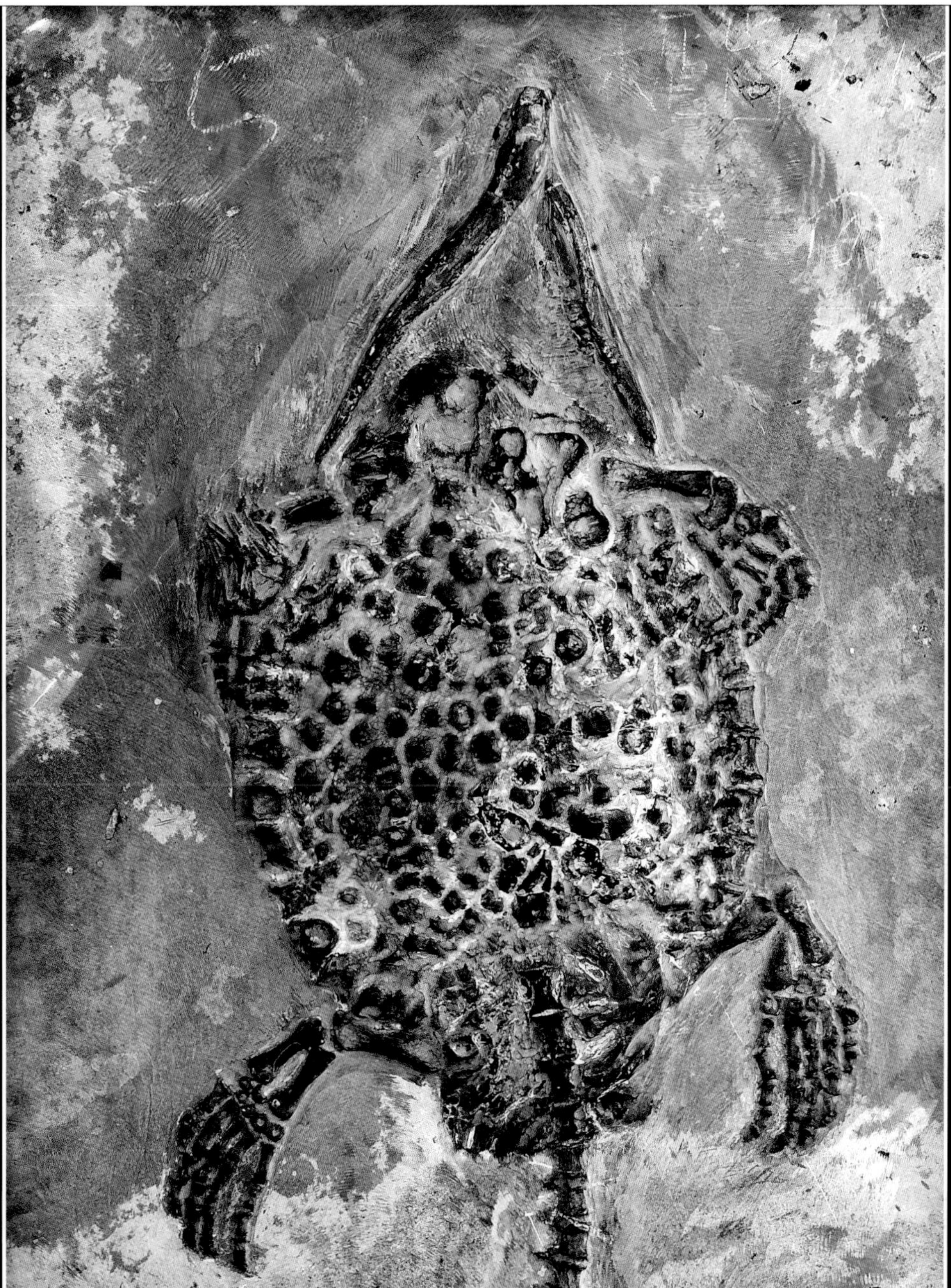

远
古
沧
桑

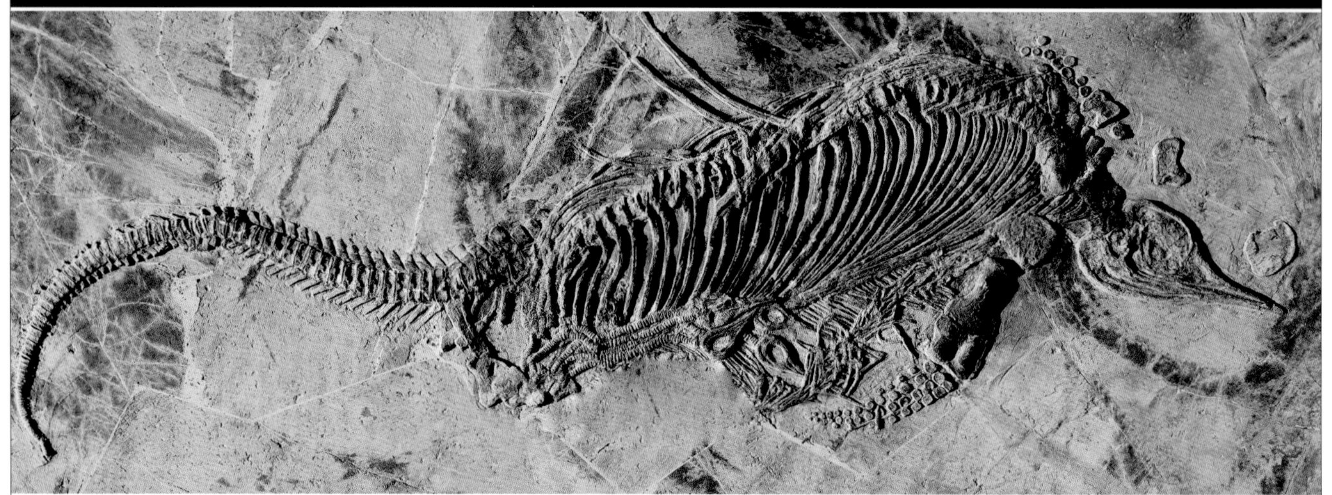

名称：黔鱼龙
石种：周氏黔鱼龙化石
规格：（左）145cm×61cm
　　　（右）216cm×110cm
产地：贵州关岭

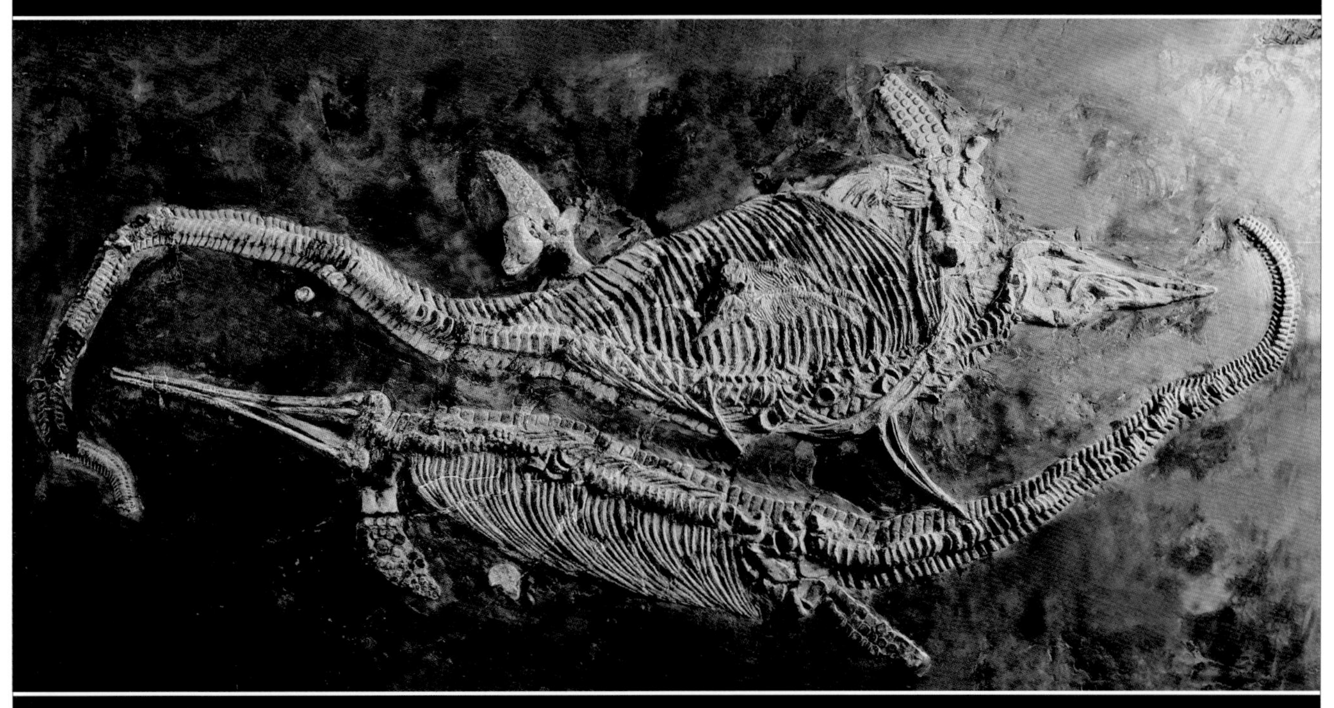

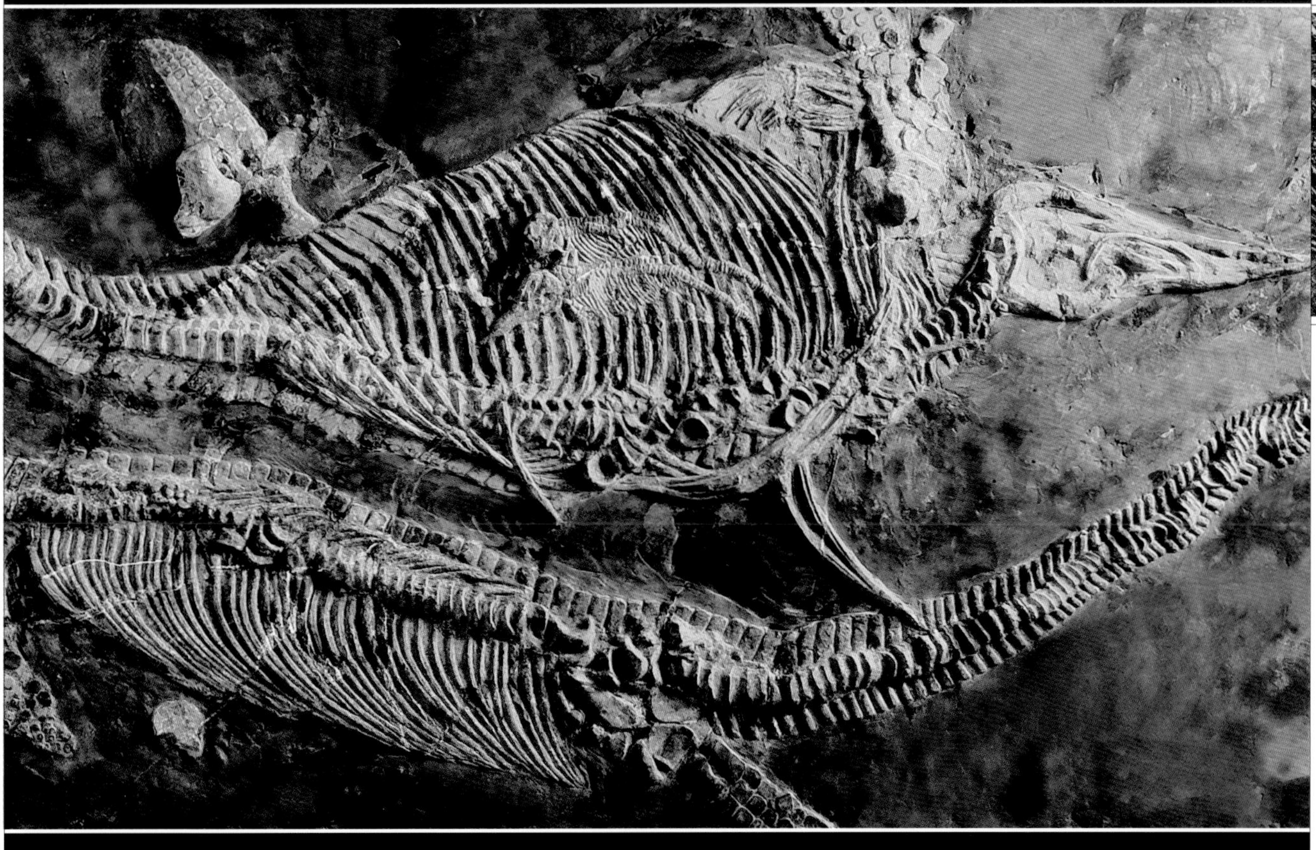

云贵高原龙冢地，南盘江海渺汪洋。
迤逦雄游庞然物，只存遗骨两茫茫。

名称：贵州真颌鱼

石种：贵州真颌鱼化石

规格：（左）30cm×18cm

　　　（右）28cm×21cm

产地：贵州兴义

亚洲古鱼目，兴义大不同。
浑身鳞带齿，相伴贵州龙。

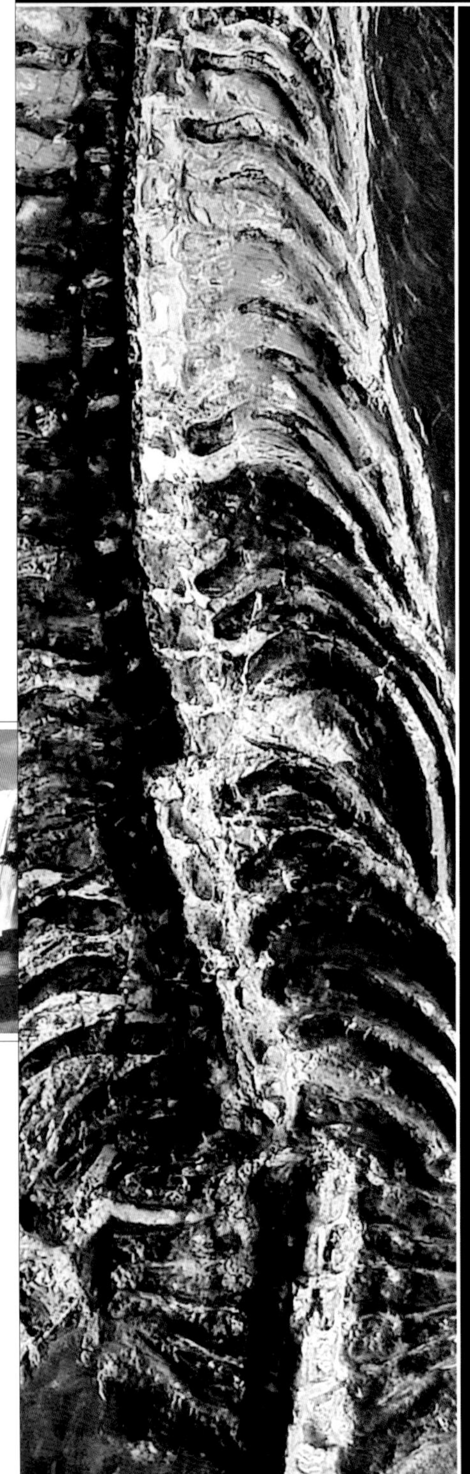

名称：幻龙
石种：幻龙化石
规格：（左）100cm×200cm
　　　（右）80cm×160cm
产地：贵州兴义

扬子越北烟云隔，惊涛忽然成泽国。
深海怪兽变了种，水陆两栖蹼变脚。

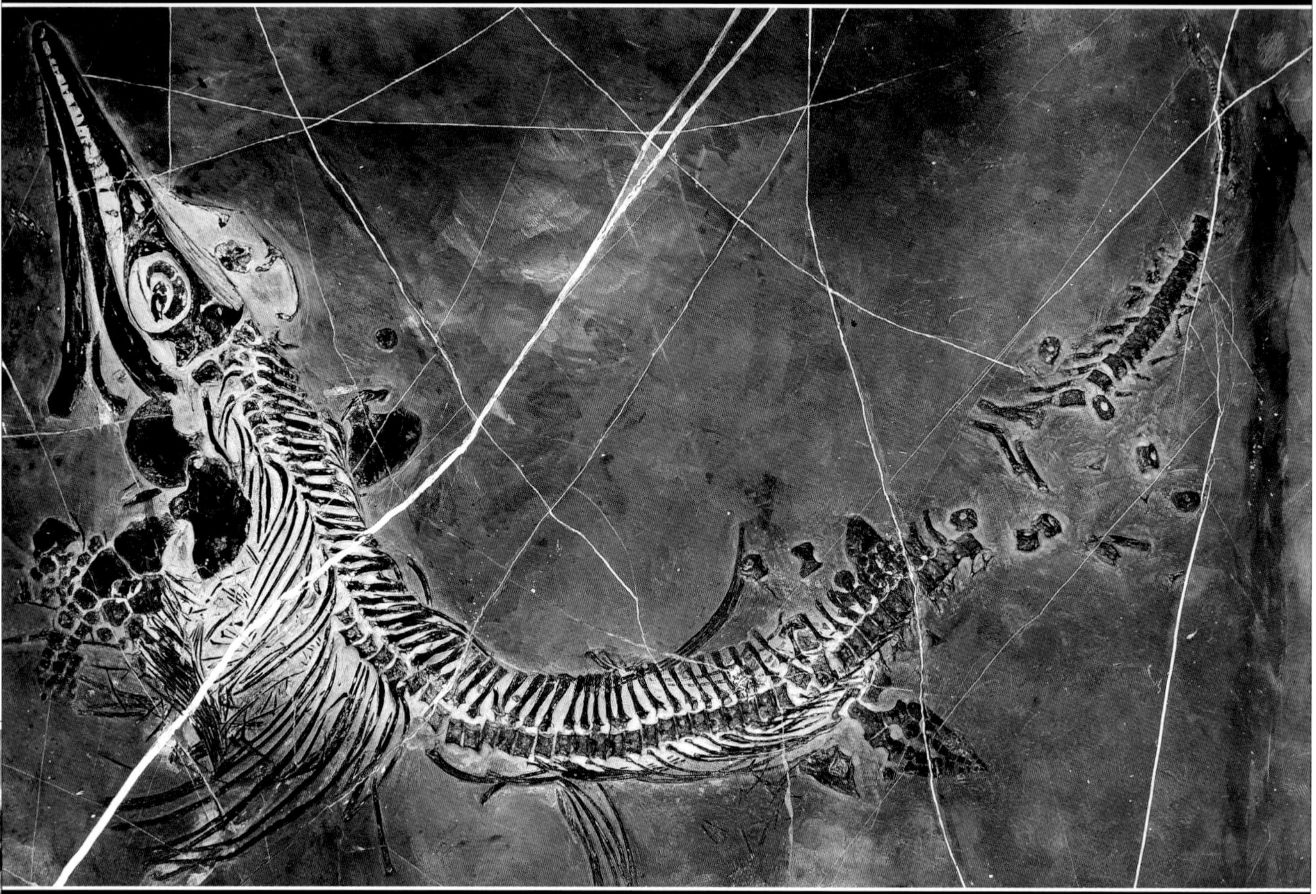

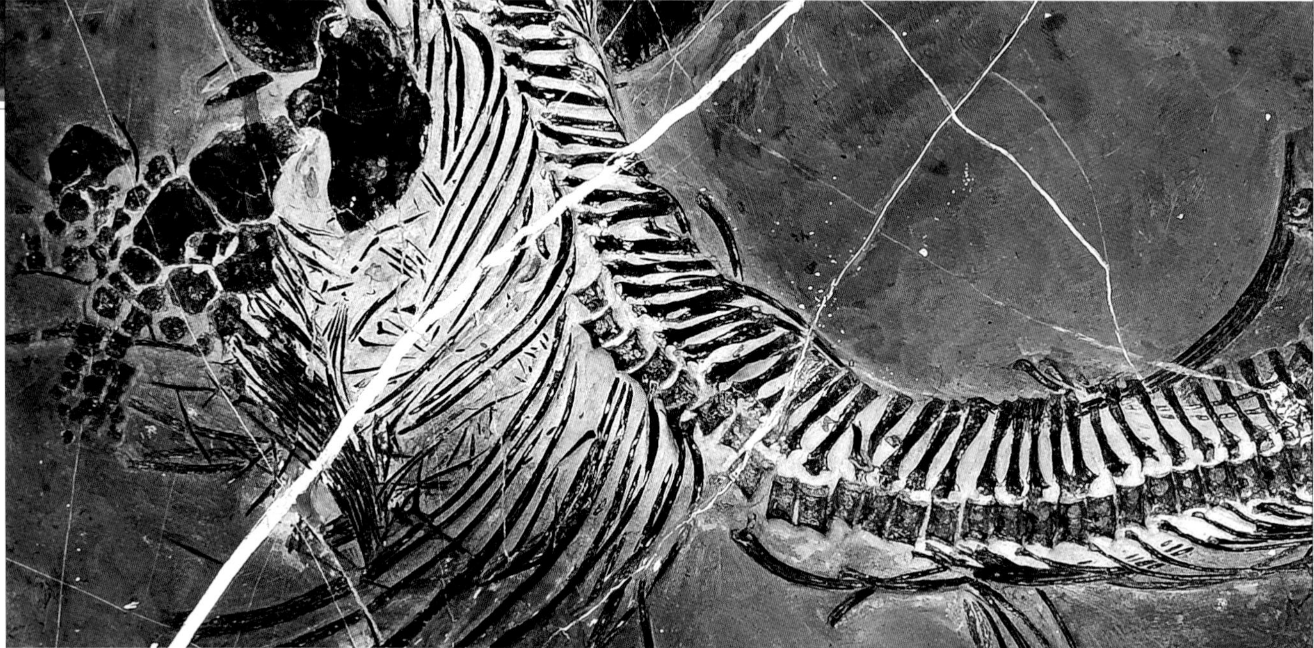

名称：盘县混鱼龙

石种：盘县混鱼龙化石

规格：（左）69cm×54cm

　　　（右）90cm×38cm

产地：贵州盘县

我本混鱼龙，属种有异同。
多为五尺汉，没有八尺童。

名称：牵牛花开

石种：关岭创孔海百合化石

规格：（左）100cm×180cm

产地：贵州关岭

生查子

藤蔓遍地绕，牵牛朵朵开。

无须阳光照，无须土来栽。

名称：牵牛花开

石种：关岭创孔海百合化石

规格：（左）100cm×180cm

　　　（右）63cm×85cm

产地：贵州关岭

生查子

藤蔓遍地绕，牵牛朵朵开。

无须阳光照，无须土来栽。

四季无寒暑，昼夜无黑白。

虽说无花香，万年也不衰。

远
古
沧
桑

名称：动如脱兔

石种：鳍龙类化石

规格：322cm×80cm

产地：贵州兴义

摇头摆尾各不同，急如脱兔快如风。
当年深海能称霸，而今其势也恢弘。

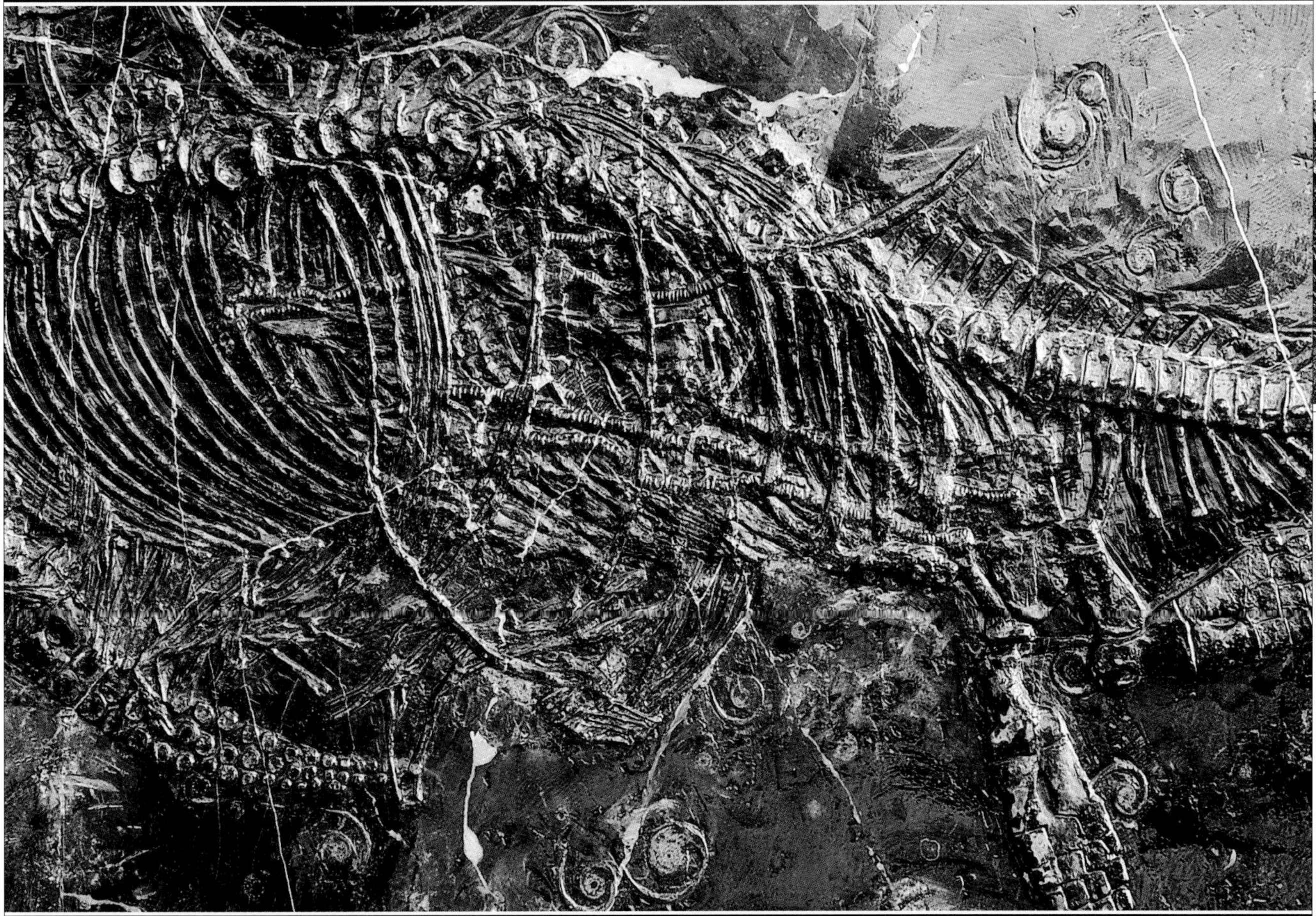

名称：静若处子
石种：周氏黔鱼龙化石
规格：202cm×87cm
产地：贵州关岭

住蹼停游立水中，骇浪惊涛仍从容。
如今不提当年勇，万里海疆我最雄。

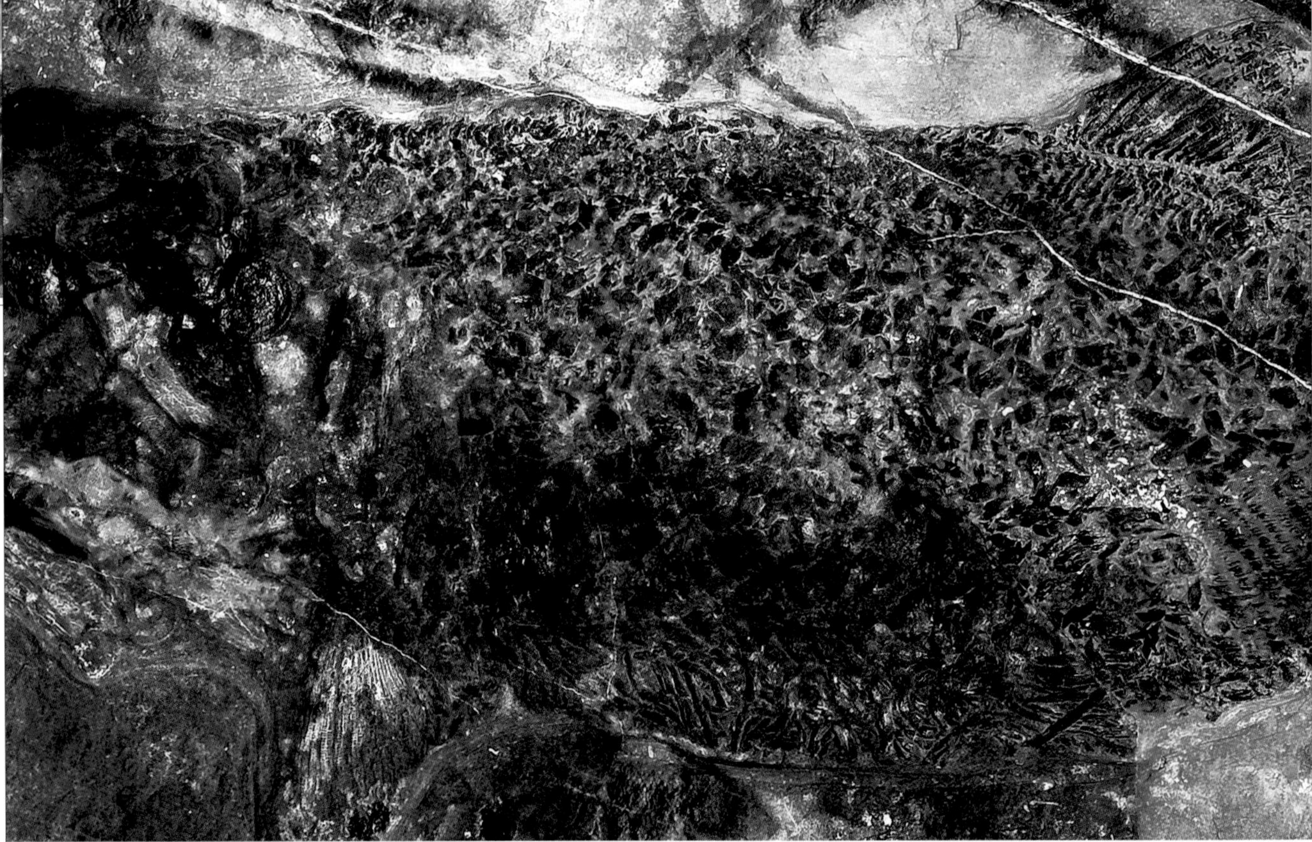

名称：鱼翔洋底

石种：鱼化石

规格：190cm×87cm

产地：贵州兴义

风波浪里非等闲，距今两亿五千年。

体大如鲸生巨口，敢与龙龟舞翩跹。

名称：粉身碎骨

石种：盘县混鱼龙化石

规格：200cm×110cm

产地：贵州兴义

龙体距今亿万年，粉身碎骨一瞬间。
留得残身成化石，魂魄早已作飞烟。

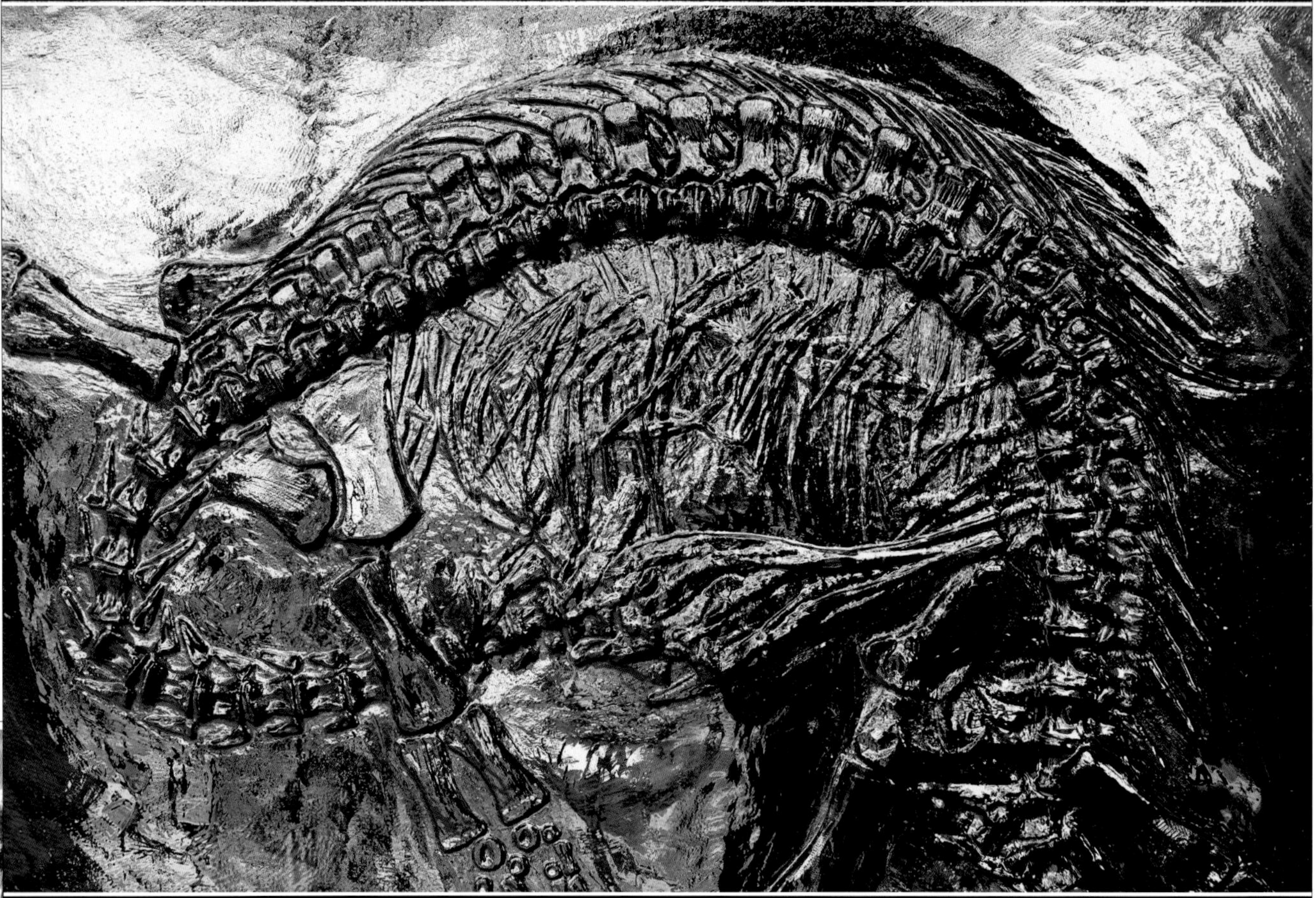

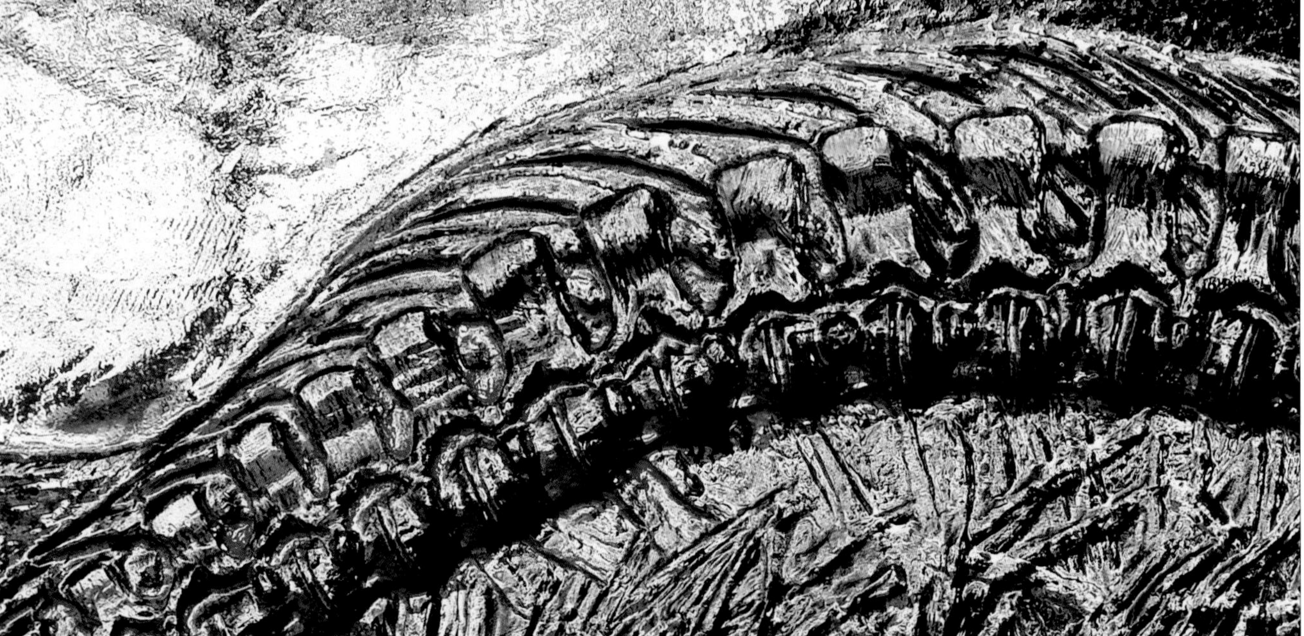

名称：盘龙之势

石种：鳍龙类化石

规格：局部

产地：贵州关岭

回首盘龙身，动静如有神。
瞬间魂魄散，鉴古如观今。

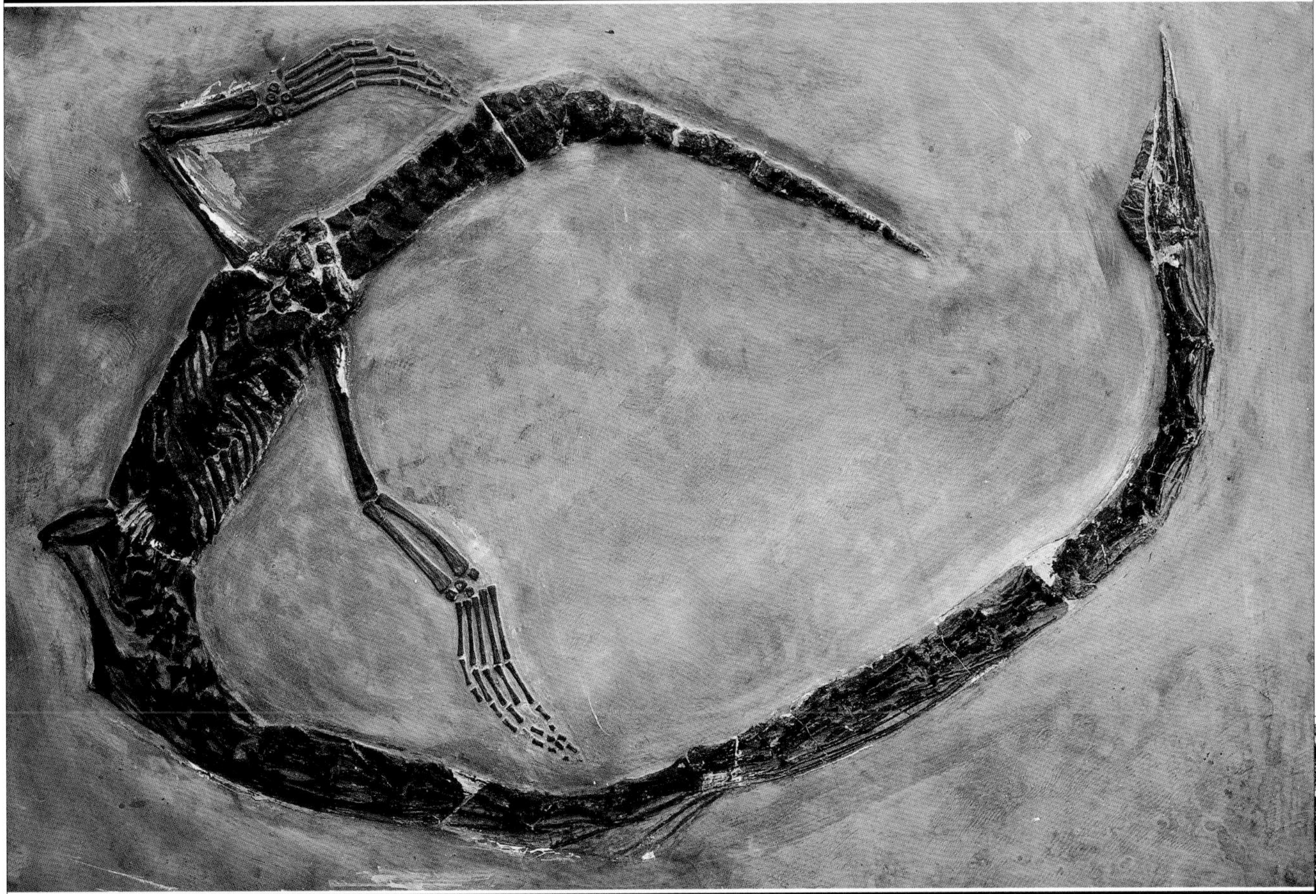

名称：游龙新姿

石种：原龙类化石

规格：135cm×93cm

产地：贵州关岭

回头望月体成圈，造型依旧亿万年。
游龙舞姿堪当美，体如竹节更翩翩。

名称：花下魂

石种：鱼龙与海百合化石

规格：（左）83cm×124cm

（右）38cm×90cm

产地：贵州关岭

意境拔头筹，其美不胜收。

百合花下死，做鬼也风流。

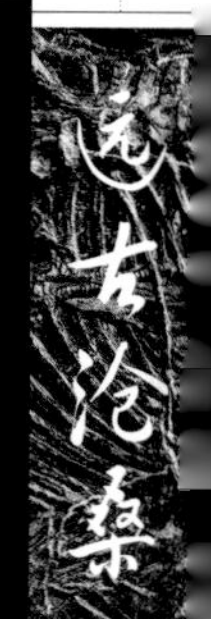

远
古
沧
桑

名称：茎秆风采
石种：关岭创孔海百合化石介绍
规格：局部
产地：贵州关岭

茎粗似藤蔓，体壮如竹楠。
今日呈画卷，美哉更畅酣。

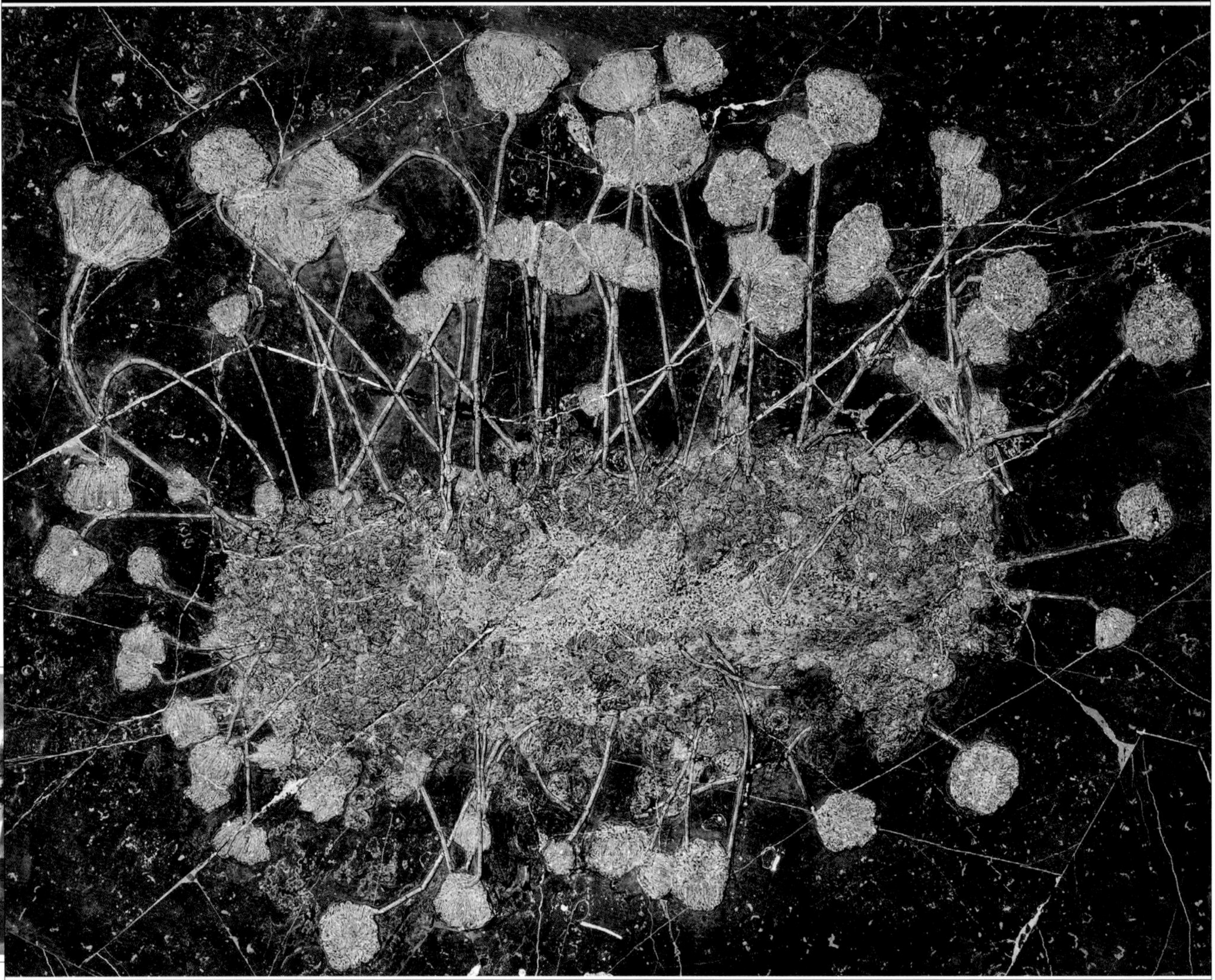

名称：民族之花

石种：许氏创孔海百合化石

规格：128cm×100cm

产地：贵州关岭

花开五十六，喻义第一流。

民族大团结，此石证千秋。

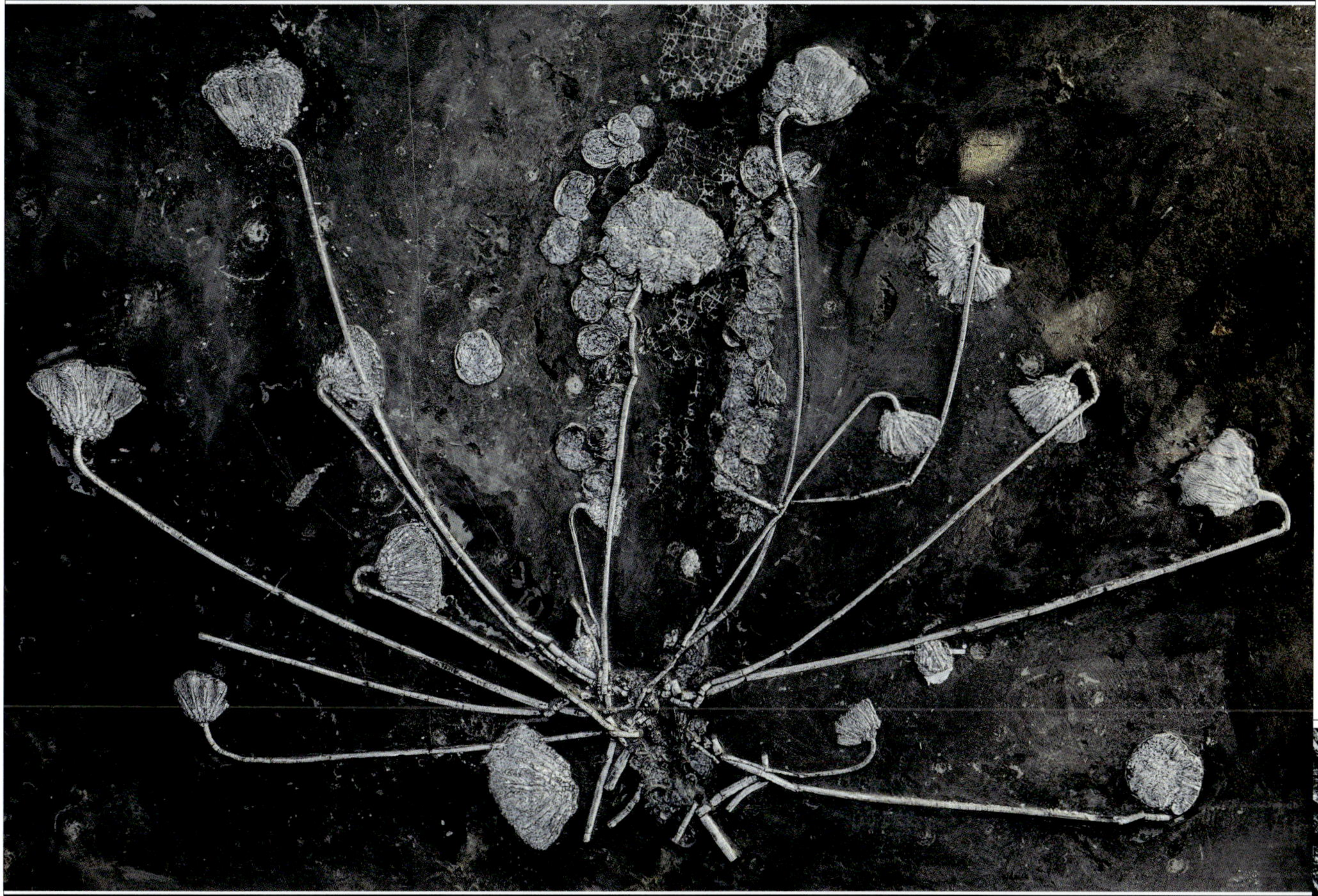

名称：绽放

石种：许氏创孔海百合化石

规格：122cm×80cm

产地：贵州关岭

绽放百合花，招展实可夸。
可想生前时，花枝更风华。

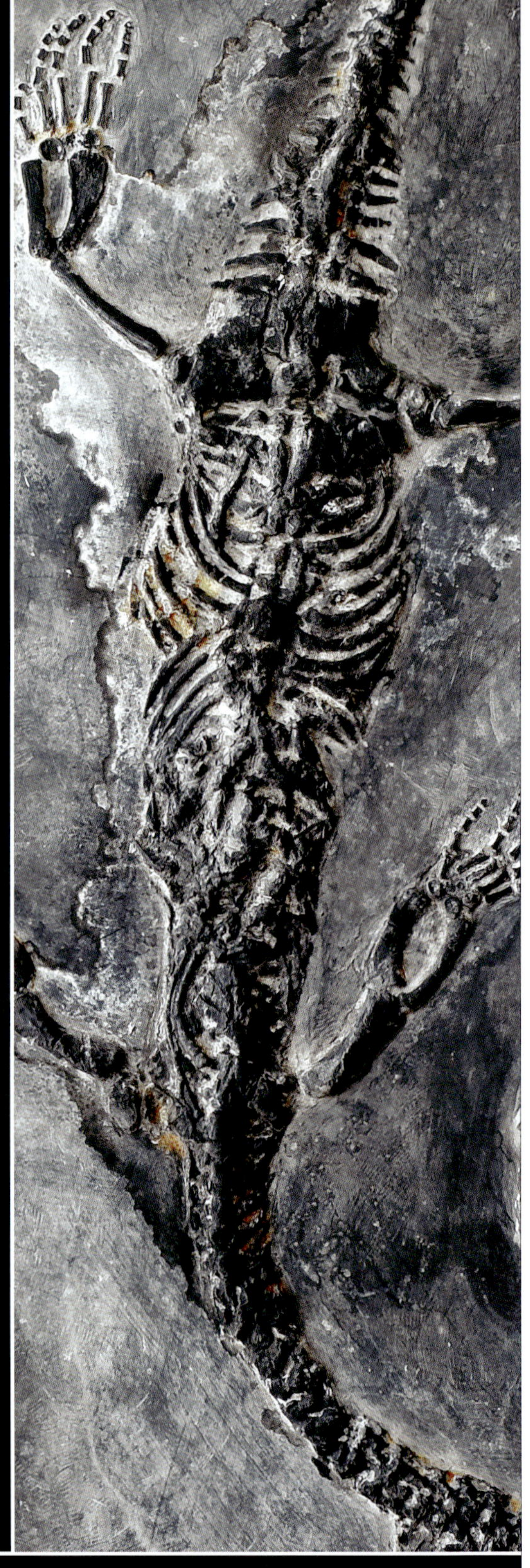

名称：母子情
石种：贵州龙与幻龙
规格：71cm×154cm
产地：贵州兴义

一母双子若一家，其实不说一家话。
虽说同姓属种异，兴许认的是干妈。

名称：群鱼戏水
石种：江汉鱼化石
规格：59cm×45cm
产地：湖北

水草丰肥鱼成群，天高水阔波光粼。
不料沧桑多变幻，化作石画任点评。

名称：阴阳合一
石种：狼鳍鱼化石
规格：14cm×8cm
产地：辽宁

阴阳一对正负模，以二变四少成多。
一大一小分老少，也曾兴风作浪波。

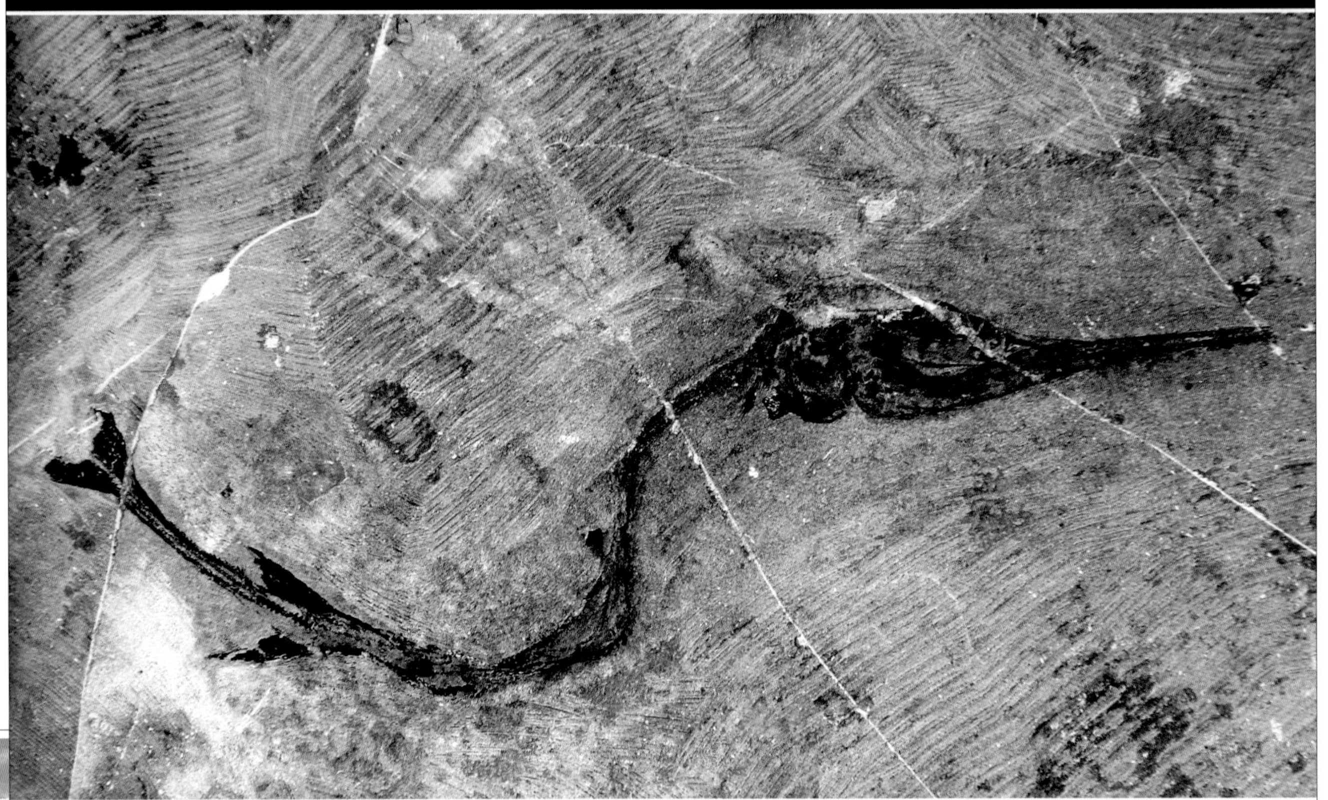

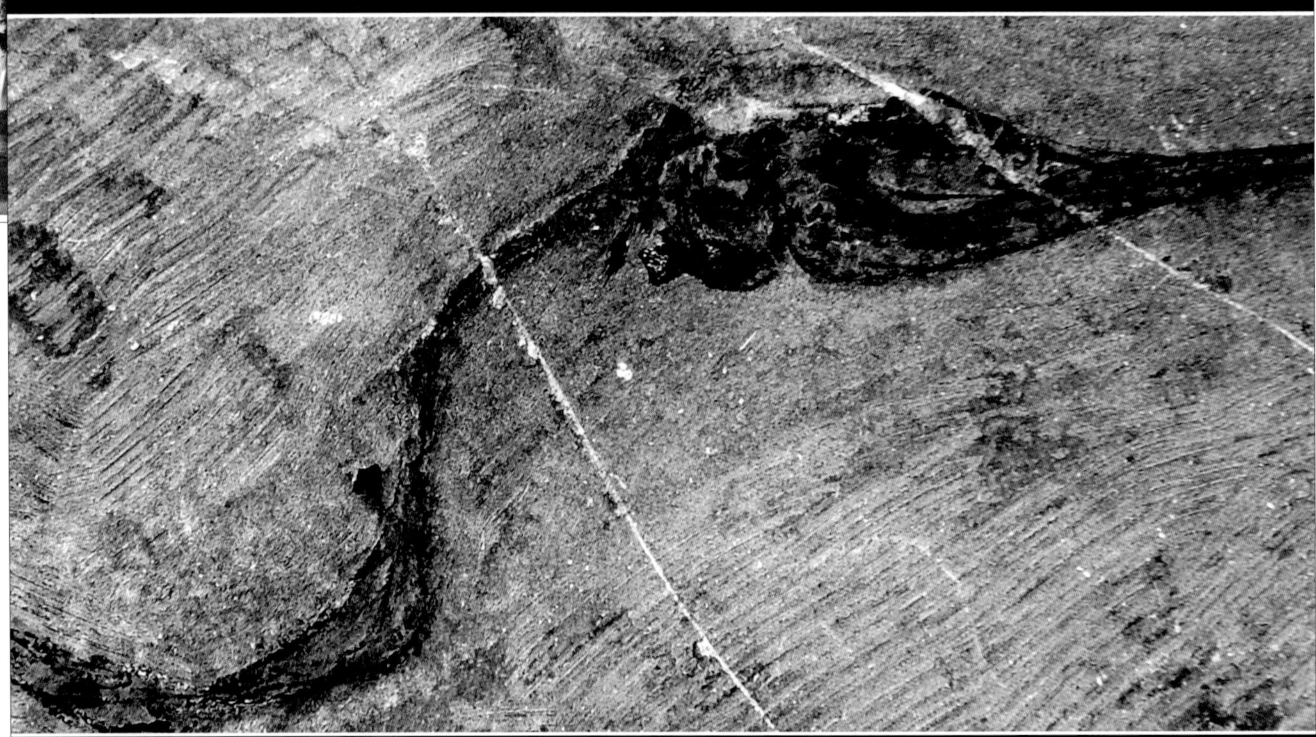

名称：腾飞之龙

石种：龙鱼化石

规格：（左）33cm×25cm

　　　（右）31cm×13cm

产地：贵州关岭

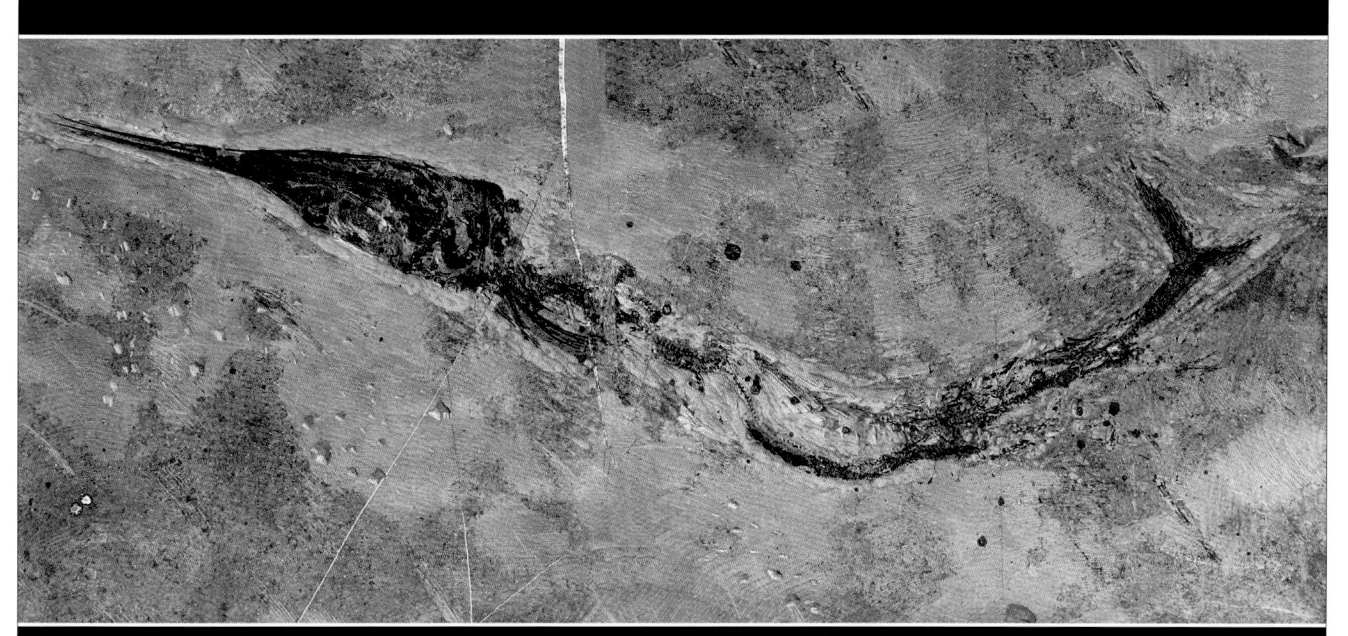

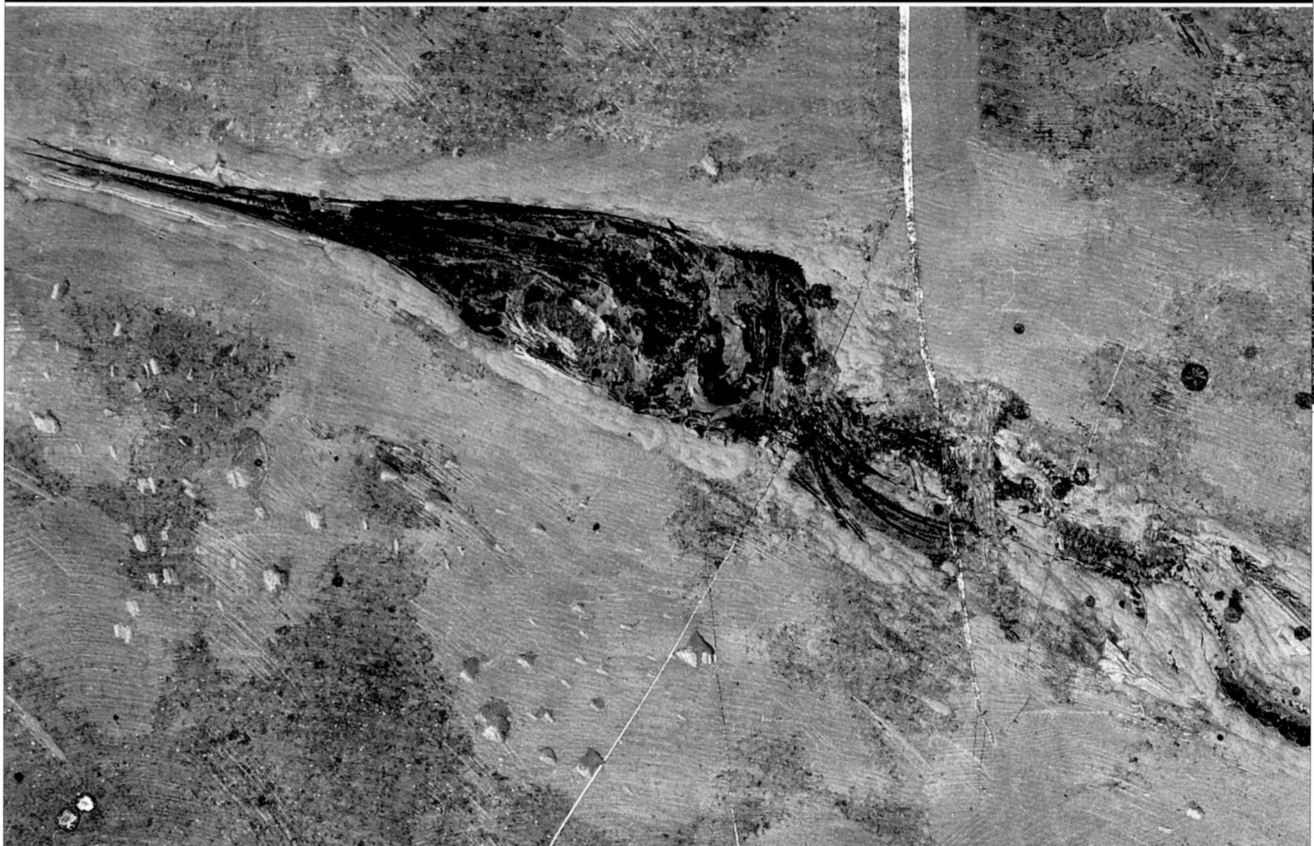

其势欲腾作飞仙，千里江海万里天。
今朝脱得羁绊去，摇头摆尾史无前。

名称：群龙
石种：胡氏贵州龙化石
规格：66cm×42cm
产地：贵州兴义

群龙本无首，跟着感觉走。
爬来又游去，如今成不朽。

形如肾脏形而扁，两边窄扁隆中间。
纹似银杏纹理美，一纵沟槽鸟喙尖。

名称：石燕
石种：石燕化石
规格：58cm×52cm
产地：湖南

形如肾脏形而扁，两边窄扁隆中间。
纹似银杏纹理美，一纵沟槽鸟喙尖。

名称：龙行虎步
石种：海龙化石
规格：480cm×110cm
产地：贵州关岭

曲身弄风姿，虎爪生四肢。
水陆俱无碍，威风盖当时。

名称：百花齐放
石种：许氏创孔海百合化石
规格：380cm×120cm
产地：贵州关岭

忆少年

百花齐放，百花争艳，百缕千丝。百花
竞争春，百花盛开新，百合萼秆茎枝。亿年
后、沧海桑田。成石画天雕，展百态千姿。

后记

　　"石韫玉而山辉，水怀珠而川媚。"由于独特、复杂的地质背景与构造变迁、水文演化，贵州全省矿产、古生物和观赏石资源十分富集，被誉为"迷人的奇石王国"、"古生物化石王国"、"矿物晶体王国"。亿万年前波涛汹涌、鱼龙腾跃的汪洋大海，而今成了重峦叠嶂、江峡纵横的古生物埋藏宝地；历史长河中聚散游弋的矿物元素，变成今天五彩斑斓的奇石、矿晶。沧海桑田的巨变在这里得到如此有力的佐证，远古与当代的反差在这里体现得那么直接和鲜明。你不得不对大自然的神功伟力敬畏有加；你顺理成章地会信奉"人与自然和谐共处"是人类唯一的选择与希望所在。贵州气度恢弘的古生物王国是世界古生物发现与研究史上独具魅力的"鸿篇巨制"，贵州色彩缤纷的奇石异矿正谱写着世界"石文化"交响乐中悦耳动听的"华彩乐章"。这片土地令人陶醉，叫人神往，牵人流连，发人深思……

　　中国是一个有着悠久的石文化传统的国度，中华石文化是世界优秀传统文化中一枝独放异彩的奇葩。在新时期，观赏石文化被赋予了崭新的内容。应当说，中国当代观赏石文化，也代表了中国当代先进文化在相应层面上的发展方向，是中国特色社会主义文化的重要组成部分。在建设社会主义精神文明和构建和谐社会的伟大事业中，中国当代观赏石文化同其他所有当代先进文化一样，也有其不可替代的重要地位和作用。

　　"盛世收藏"，"盛世赏石"。纵观古今中外，收藏的兴衰总是与时代的兴衰同步的。国运昌盛之时，人民富足之日，"收藏"与赏石便会风生水起，渐次升温，终成时尚。而今，石头已由"旧时王谢堂前燕，飞入寻常百姓家"，全国逾百万之众的赏石群体仍在不断发展壮大。广大藏石者们除了普遍认同"赏石励志"，"赏石增寿"，赏石能陶冶情操，提高科学、文化、美学素养，有益于身心健康，是一种高尚的精神享受，是一项高雅的文化、休闲活动之外，大多数人也同时看好奇石的投资功能与保值、增值功能，并奉行"以石养石"的经典信条。总之，广大人民群众随着收入的逐年增加和生活水平的逐年提高而产生的日益增长的物质和文化需求，是观赏石文化日渐升温的最根本的原因和动力。二十几年来全国各地数以千计的公、私奇石馆、博物馆应运而生，其大背景正是改革开放以来历久不衰的"观赏石热"。

　　放眼当今世界，旅游业与博物馆业的进一步交叉与结合，已然成为当代旅游业发展不可避免的大趋势。

　　博物馆属于标准的文化产业，也是当代旅游产业的重要组成部分。一个博物馆便是一处"学校的第二课堂"、"成人的终身学校"、科教兴国的基础设施；一个宣传城市形象、景区形象的亮丽窗口、科普乐园；一个传播社会主义精神文明的文化阵地；一个旅游文化的潜在热点；也是衡量一座城市、一个景区文明程度与文化内涵的标志之一。进入21世纪，全世界的旅游者们已经不再满足于一般意义上的"观山看景"，而开始十分注重探究旅游景观的文化内涵与科学背景，因此，也可以说文化是当代旅游的灵魂，旅游的本质便是文化，表面上的山水风光之旅，即是本质上的文化之旅。

　　世界发达国家历来重视博物馆建设。这些国家的孩子从小跟着大人逛博物馆，长大成家后，带着自己的孩子上博物馆，游遍祖国时，每到一地必定参观当地博物馆；周游世界时，更把游览博物馆同游览自然风光和其他人文风光看得同等重要。美国各种资助博物馆的基金会达 1 万余个。进入 21 世纪以后，西方许多电子、通信业巨头更是对博物馆业表现出空前高涨的投资热情。中国许多省、市、县也开始看重博物馆建设，特别是看重博物馆在旅游业和当地文化发展中扮演的特殊角色。旅游业的发展推动着博物馆事业的发展，博物馆的建设也推动着旅游业的发展；走向自然已经成为当代旅游业和博物馆业共同追求的重要目标。

作为一个奇石爱好者，在繁忙工作之余，藏石、赏石给我带来莫大的乐趣与欣慰，多年来我不止一次地设想过退休后能有个方寸之地与石友们流连其中，品茶赏石，相互切磋，其乐无穷。还真没敢奢望过在鼎鼎大名的黄果树国家级风景名胜区里办奇石馆。没曾想退休后适逢黄果树集团公司董事长程勇和总经理黎昌礼二位先生，也正在绞尽脑汁为增加黄果树的科学文化内涵、提高黄果树的文化品位寻找新的切入点，也想到了办个奇石馆或博物馆之类的"新招"，我们的思路一下找到了"契合点"。他们知道我在石文化界的人脉还不错，办奇石馆必不可少的"资源整合"问题由我来担纲解决也许会是个合适的人选，于是，充满艰辛的建馆工作便开始了。奇石馆能有今天这个模样，程、黎二位老友功不可没。在此还要衷心感谢提供资金、藏品、知识、技术、劳务的朋友们、石友们、专家们、工人师傅们，正是他们的鼎力相助与无私支援，才成就了今天这个馆和这本书。关于这本书，由于本人水平有限，错漏之处在所难免，敬请各方石友、专家、领导、旅游者不吝赐教。

其实，我们举众人之力建起黄果树奇石馆，无非是想为广大奇石爱好者搭建一个观赏、交流平台，为科研工作者提供一个研究基地，为黄果树国家级风景名胜区增加点科学文化内涵，为来黄果树旅游的千百万海内外游客"锦上添花"，让他们大饱眼福，不虚此行；也为黄果树景区未来进一步开展"地质旅游"、"科考旅游"、"探险旅游"等前景广阔的旅游项目打下坚实的物质基础，为处于"跨跃式发展"历史机遇中的贵州旅游业展现创新思路，为波澜壮阔的"多彩贵州"宣传活动增添新的亮点。仅此而已。

黄果树奇石馆馆长：陈正明
二〇一〇年五月二十八日

二〇一〇年六月十五日黄果树奇石馆开馆仪式现场

开馆仪式上省、市有关领导为黄果树奇石馆剪彩

一楼　远古沧桑馆（古生物化石）

二楼　雅韵天成馆（雅石）

三楼　梦幻晶花馆（矿物晶体）

黄果树奇石馆全景

奇石馆讲解员正在为参观奇石馆的嘉宾进行讲解

有关专家、领导正在观赏黄果树奇石馆宝玉石标本

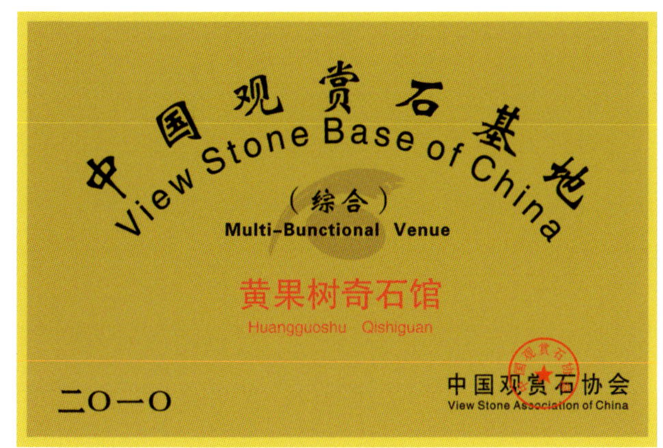

中 国 观 赏 石 基 地
View Stone Base of China
（综合）
Multi-Bunctional Venue
黄果树奇石馆
Huangguoshu Qishiguan
二〇一〇
中国观赏石协会
View Stone Association of China

授予 黄果树奇石馆
魅力中国景点
魅力中国组委会
二〇一〇年六月二十一日

黄果树奇石馆
编号：002
贵州省古生物学会
科研及科普教育基地
2010年6月15日

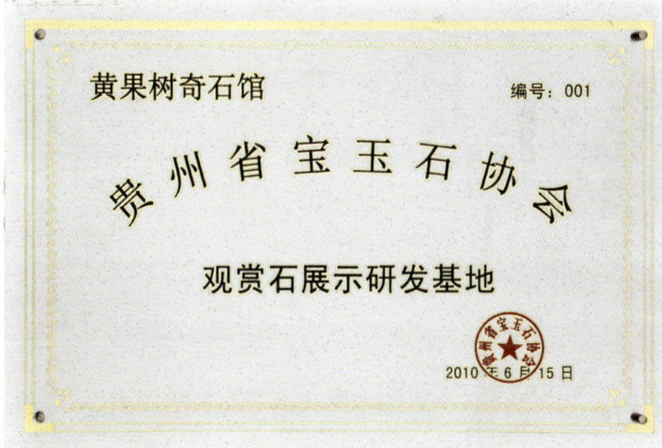

黄果树奇石馆
编号：001
贵州省宝玉石协会
观赏石展示研发基地
2010年6月15日

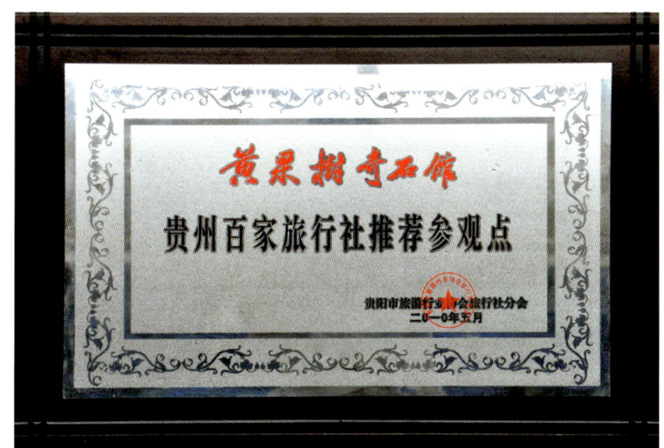

黄果树奇石馆
贵州百家旅行社推荐参观点
贵阳市旅游行业协会旅行社分会
二〇一〇年五月

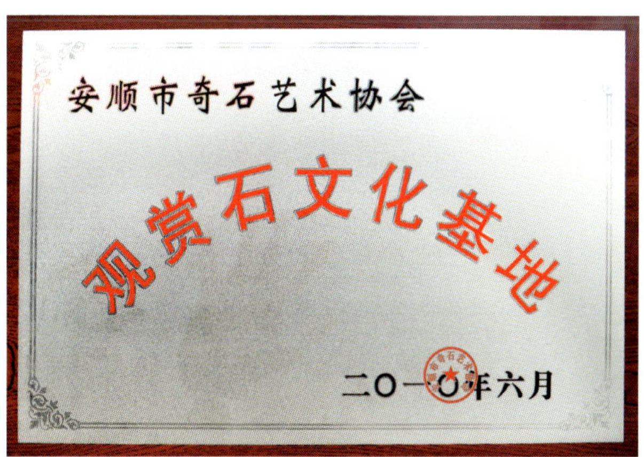

安顺市奇石艺术协会
观赏石文化基地
二〇一〇年六月

责任编辑：吕大千　方德兵

图书在版编目(CIP)数据

黄果树奇石 / 陈正明，刘又谅主编. —北京：中
国旅游出版社，2010.8
ISBN 978-7-5032-3991-5

Ⅰ.①黄…　Ⅱ.①陈…　②刘…　Ⅲ.①奇石－镇宁县
－画册　Ⅳ.①G894-64

中国版本图书馆CIP数据核字(2010)第150547号

黄果树奇石

出版发行：中国旅游出版社

（北京建国门内大街甲9号　邮政编码　100005）

http://www.cttp.net.cn

E-mail：cttp@cnta.gov.cn

版　　次：2010年8月第1版　2010年8月第1次印刷

印　　刷：北京今日新雅彩印制版技术有限公司

开　　本：889毫米×1194毫米　1/16

印　　张：19

定　　价：368.00元

ISBN 978-7-5032-3991-5